天文

李亮 著

韩毅 史晓雷 主编

中国少年儿童新闻出版总社
中国少年儿童出版社
北 京

图书在版编目（CIP）数据

天文 / 李亮著. -- 北京 : 中国少年儿童出版社，
2021.12
（写给孩子的中国古代科技简史）
ISBN 978-7-5148-7122-7

Ⅰ．①天… Ⅱ．①李… Ⅲ．①天文学史－中国－古代
－青少年读物 Ⅳ．①P1-092

中国版本图书馆CIP数据核字(2021)第253322号

TIAN WEN
（写给孩子的中国古代科技简史）

出 版 发 行： 中国少年儿童新闻出版总社
中国少年儿童出版社

出 版 人：孙 柱
执行出版人：马兴民

著 者：李 亮　　　　　　　　　封面设计：高 煜
责任编辑：张云兵　　　　　　　　责任校对：刘文芳
版式设计：北京光大印艺文化发展有限公司　　责任印务：厉 静

社 址：北京市朝阳区建国门外大街丙 12 号　　邮政编码：100022
编 辑 部：010-57526268　　　　　　总 编 室：010-57526070
官方网址：www.ccppg.cn　　　　　　发 行 部：010-57526568

印刷：三河市中晟雅豪印务有限公司

开本：720mm×1000mm 1/16　　　　　　印张：8.5
版次：2022 年 1 月第 1 版　　印次：2022 年 1 月河北第 1 次印刷
字数：110 千字　　　　　　　　　　　印数：7500 册

ISBN 978-7-5148-7122-7　　　　　　　定价：42.00 元

图书出版质量投诉电话010-57526069，电子邮箱：cbzlts@ccppg.com.cn

主　　编　韩　毅　史晓雷

编委会委员（按姓氏音序排列）

白　欣　陈丹阳　陈桂权　陈　巍　付　雷　高　峰

韩　毅　李　亮　史晓雷　孙显斌　王洪鹏　韦中燊

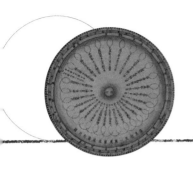

前　言

　　世界上有两件东西能震撼人们的心灵，一件是我们心中崇高的道德标准，另一件就是我们头顶灿烂的星空。星空离我们似乎很远，只能远观，无法触及；但它离我们似乎又很近，因为它占据了我们一半的视野，只需抬头，就能遇见。朝夕相处却相隔千里，它的无限神秘牵引着人类探索和了解它的愿望生生不息。

　　各个文明有着不同的天文学发展道路，对于中国人来说，天文学曾经是一门非常重要的科学，古代天、算、农、医四大科学中，天文学担负着"历象日月星辰，敬授民时"的重要任务，与生产和生活息息相关。同时，中国古代天文学也与星占学有着颇多渊源，是与古代政治和皇权有着紧密联系的神秘科学。

　　这本写给孩子的中国古代天文学简史，可以帮助小朋友从历史角度了解中国天文学的发展，领悟古人智慧，以及从科学角度了解历史，从科学和技术的视角来理解中华文明的独特之处。

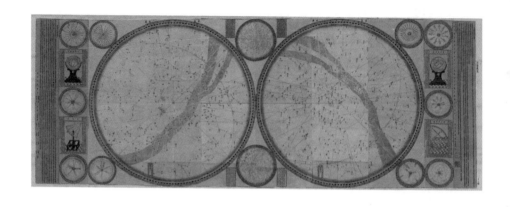

可以说，古天文学不仅是一门历史悠久的科学，也与古代社会、文化等紧密相关。在出土和传世的天文文物中，既有与生产、生活相关的器具，也有可以"窥天"的国之重器，它们向我们展示着古人的智慧和对未知事物探索的执着。中国古代典籍中保存着最为丰富的天象观测记录，这些都是古人辛勤和智慧的结晶。科学的星图、精致的仪器、精确的历法、深邃的思想以及无穷的想象力，无论是在物质还是精神层面，古代天文学中都有我们可以汲取的养分。

这本小书共分为五篇，包括"天象篇""星图篇""观测仪器篇""历法计时篇"和"星宿篇"，通过20个小的主题对中国古代天文学中的各个方面进行了介绍。让少年儿童在汲取古人智慧的同时，了解古代科学发展的源流，也为未来有志于从事科学研究工作的小读者们提供一些借鉴和启发。

目 录

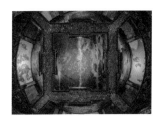

第四篇　历法计时篇

第五篇　星宿篇

附　　录

第一篇

天象篇

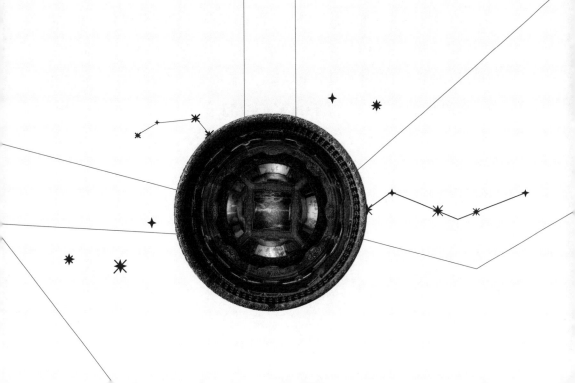

古代中国人一直是世界上勤勉、精确的天文观测者。历朝历代的皇家天文台都有专职人员负责，日夜不停地进行天象观测活动，为后世留下了极为丰富的天象记录，使得中国古代对很多天象的记载在世界各文明中是最丰富的，也是持续时间最久的。这些珍贵的史料，不但为我们了解天文发展的历史提供了大量资料，有些对现代天文学的研究也具有重要现实意义，成为全人类最为珍贵的科学遗产之一。

1. 吉利的天象——五星联珠

1761年2月5日晨，北京城万里晴空。虽然还是寒冬腊月，严寒却丝毫没有阻碍人们上街的热情。长安街上，一批批官员正赶往宫中朝贺，百姓也纷纷出门拜年。

这一天正是乾隆二十六年的正月初一。

长安街上车水马龙，热闹非凡，可是街道最东端观象台上的气氛却显得格外肃穆。礼部和钦天监（明清时期专门负责天象观测、制定历法的部门）的官员们正不断地登上观象台，而事先已经登台的官员们都朝着太阳的方向瞭望，似乎有什么大事将要发生。由于观象台是皇家禁地，普通人不得接近，台下的官员和百姓只能好奇地仰望台上，不时窃窃私语。

这些景象都被清代画家徐扬绘制在他的画作《日月合璧五星联珠图》当中。

徐扬是苏州籍的画家，擅长人物画、界画和花鸟画等。乾隆皇帝南巡江南至苏州时，看到了徐扬的画作，颇为喜爱。后徐扬得以供奉内

◎ 徐扬《日月合璧五星联珠图》长安街场景

◎ 徐扬《日月合璧五星联珠图》观象台场景

◎ 乾隆皇帝

廷，跟随西洋绘画大师郎世宁学习，成为一名宫廷画师。这幅《日月合璧五星联珠图》正是徐扬任职宫廷画院时所作，旨在描绘"日月合璧""五星联珠"之罕见天象，用以称颂皇帝德政。当然，这也是在乾隆皇帝的授意下完成的。

乾隆皇帝之所以下令绘制这样一幅画，是因为此前不久的一封奏疏。

当时钦天监的监正（相当于天文台的台长）爱新觉罗·勒尔森上奏，认为根据推算，新年这一天，太阳和月亮将出现在天空中的同一位置，这被称作日月合璧。此外，五大行星也会在这天集体聚集在太阳附近。中国古代将肉眼所能观察到的金星、木星、水星、火星和土星这五大行星同时出现在同一天区的现象，称为五星联珠或者五星会聚。这些天象合在一起，就形成了所谓的"日月合璧""五星联珠"的奇观。

在古代中国，太阳、月亮和五大行星这7颗光耀的天体同时出现，并且在天空排成一条直线这种极为罕见而奇特的天文现象，代表着吉兆，预示着国家的兴盛。据说"颛顼（zhuān xū）时，五星会于营室；汉帝时，五星聚于东井；宋祖时，五星聚于奎"，也就是说，只在颛顼帝（颛顼是中国上古部落联盟首领，"五帝"之一）、汉高祖刘邦、宋太祖赵匡胤这些贤明的帝王时期才出现过五星会聚这种天象。司马迁在《史记·天官书》中记载："汉之兴，五星聚于东井"，认为刘邦所以

◎ 乾隆二十五年十二月二十六日勒尔森奏折（左）

◎ 《日月合璧五星联珠图》徐扬落款（右）

能由弱变强，打败项羽取得天下，正是由于他取得了民众的拥护，得到上天的认可，上天才会呈现出五星会聚这样的吉利天象。

难怪一贯好大喜功的乾隆皇帝会对钦天监的汇报欣喜不已，所以他特意下令为此作画以示纪念。

细心的朋友可能会发现，既然说天空中会有7个天体同时出现，那为何徐扬的画中只有太阳呢？难道是大臣们欺骗了乾隆皇帝不成？又或者是徐扬画错了？

事实上他们都没有错。

钦天监的大臣向皇帝汇报时，说的是根据推算，这个天象出现的时间是在上午的11时15分左右。而这时已经接近正午了，太阳的光芒非常强，月亮和五大行星的位置虽然与太阳都挨得很近，但实际上是肉眼无法观测到的，徐扬在画中只是真实展现了当时的情景而已。

◎ 天文软件复原的乾隆二十六年正月初一日月和五星的位置

　　五星联珠从理论上说，是非常罕见的现象。五大行星在天空的运动速度是不同的，在天空中运行一周，水星需要约3个月，金星约8个月，火星约两年，木星约12年，土星约30年。这5个运动速度不同的行星在空中碰面的确是一件特别难得的事，而它们实现绝对意义上的五星联珠，即完全相遇于一处，更是非常罕见，上万年都未必能碰到一次！所以古代所说的五星联珠也有个大致的范围，比如在清代就规定五大行星的分布范围在45度之内，就可以说是五星联珠了。乾隆年间的这次五星联珠，实际上金星和土星挨得比较近，火星又和木星挨得比较近，而水星和它们的距离就比较远一些，但这仍然可以被称作五星联珠。

　　在古代，月亮又叫作"太阴"，水星、金星、火星、木星和土星分别又叫作"辰星""太白""荧惑""岁星""填星"。太阳、月亮和

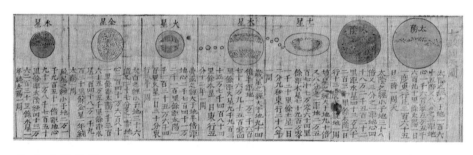

◎ 七政周天图

五星又被合称为"七政"。这幅《七政周天图》，记载着它们在天空中分别运行一周的时间。

　　美国天文学家米尤斯曾对五星联珠现象做过分析和计算。他统计了从公元元年至公元3000年期间太阳、月球和五颗大行星会聚角小于30度的年份和时刻。在这3000年当中，一共出现39次五星会聚，其中会聚角最小的一次只有11度（出现于1186年9月15日）。最近的一次五星联珠天象则发生在2000年5月5日，它的会聚角是25度53分，下一次五星联珠则要等到2040年了。可见，五星联珠的出现殊为不易，而乾隆二十六年的五星联珠刚好出现在新年这天，更是一种巧合了。

◎　"五星出东方利中国"织锦护膊

　　除了徐扬的《日月合璧五星联珠图》，历史上还有一件重要文物也与五星有些关系，这就是"五星出东方利中国"织锦护膊。这件文物1995年出土于新疆和田民丰县尼雅遗址。护膊是一种用于束紧袖口的服饰。这块织锦护膊呈圆角长方形，纹样有云纹、仙鹤、凤鸟、虎等等，纹样间织有横排文字"五星出东方利中国"八个汉隶文字，表达了祝福中国吉祥顺利的意思。

2. 凶险的天象——荧惑守心

西汉绥和二年（公元前7年）的春天，大臣李寻向皇帝呈上奏折，告诉汉成帝刘骜（ào）发生了"荧惑守心"的天象。他非常郑重地提醒皇帝不日将有灾祸发生，而引起灾祸的原因不是别的，正是丞相翟方进没有尽到职责所致。

刘骜是个昏庸的皇帝，他在位很久却毫无建树，以至于大权旁落，国势衰微。面对荧惑守心这一天象，刘骜很是惊恐，听了李寻的话之后，他便顺水推舟把治国失误的责任推给翟方进。翟方进忧惧不知所措，面对成帝的斥责不得不于当日领罪自杀。

据现代学者的研究，当时火星其实是在角宿（二十八宿之一，大约对应现代的室女座），压根儿就没发生所谓的荧惑守心这样的天象，翟方进之死实属冤枉。所以这个说法很可能是王莽等人为篡权扫清障碍而编造的谎言。

那么什么是荧惑呢？荧惑守心又是指什么呢？为什么区区一个天象，会如此轻易地将堂堂一国丞相置于死地？

荧惑是古代对火星的称谓，因为它是天空中最引人注目的一颗火红色的星，但其亮度时明时暗，荧荧如火，其位置又不断变化，行踪不定，令人迷惑，故被称作"荧惑"。

火星在中西方文明中都与战争有关。在西方，火星就是神话中的战神，因为它呈猩红色，是嗜血战神所偏爱的颜色，象征着火焰、燃烧、战争和残暴。在希腊神话中，战神就是阿瑞斯（Ares），他是主神宙斯和天后赫拉的儿子，是一个体格健壮、相貌英俊，但生性好斗、凶残无比的人物，是只知道杀戮的战争狂。后来，罗马神话继承了希腊神话，

◎ **15 世纪德国著作中的火星之神**
图像中的火星是典型的西方战神形象，
他手持宝剑，驾驭战车，战车的轮子
分别绘有白羊和天蝎两个星座，它们
是火星守护的星座。

将战神命名为马尔斯（Mars），现代英语中依然称这颗红色的行星为马尔斯。

　　在中国古代，荧惑也是显示灾祸之星，它是兵灾、旱灾、火灾的象征。古人认为上天对人间政治是明察秋毫的，君臣若有失政之行，就会受到警告乃至惩处。而上天经常用荧惑来示警，告诫君臣要谨慎治理国家。所以在星占中，荧惑之天象是政治上有缺失和对君臣示警的体现，

◎ **佛教典籍《火罗图》中的星神**
最下方中间的形象为火星，旁边写有
"火星""荧惑"，火星神手持弓箭
和宝剑等武器，是一位武士的形象。

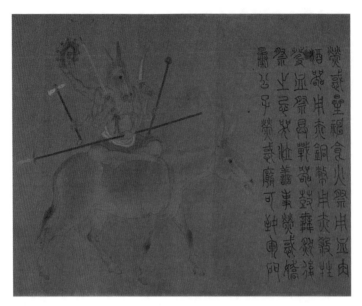

◎ 梁令瓒《五星二十八宿神形图》中的火星形象

图中的火星为一骑马的驴头六臂之人，他六臂分执长矛、魔轮、短戟、弯刀、长剑等物。

此外它还预示灾害、疫病和死丧等等。

在中国古代，最凶险的天象大概就是"荧惑守心"了，历史上有不少这样的记载。《论衡·变虚》中就说："宋景公之时，荧惑守心。"所谓的"荧惑守心"中的"守"就是占据的意思，"心"就是二十八宿中的心宿，"荧惑守心"指火星在心宿的位置一直徘徊。"心宿"就是现代天文学中的天蝎座，由三颗主要的星组成，其中最亮的一颗就代表着皇帝。当火星运动到天蝎座的这三颗星附近时，如果此时火星恰好出现逆行阶段，火星在此处运动速度就非常之慢，近乎"守"在这里。古代帝王大都迷信，认为荧惑是灾星，荧惑来犯作为帝座的心宿，自己就会遭殃，不是死亡，就是国家发生战乱，所以荧惑守心是历代帝王最为忌讳的天象。

从地球上来看，在火星的运动周期中，有几个月时间，火星会相对

心宿二　火星
天蝎座

◎ 荧惑守心示意图

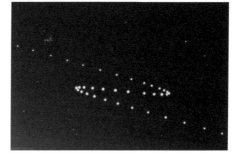

◎ 火星的逆行

于恒星背景做逆向运动，随后又回到原来的方向继续向前运动，这就是火星的逆行。

中国历史上曾有多次"荧惑守心"发生。

公元前480年，宋国的太史官发现天空中出现了荧惑守心的天象，不利于国君。宋景公得知后非常恐慌，便找来星占家子韦询问。子韦告诉宋景公，上天将会惩罚他，宋景公就更惊恐了。

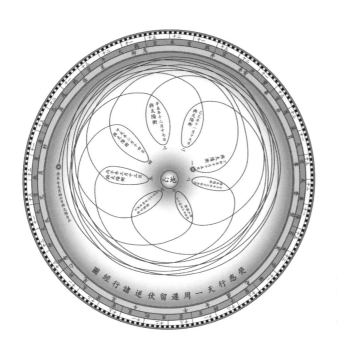

◎ 荧惑行天图

复制自明代的《荧惑行天一周迟留伏逆诸行经图》，反映了火星复杂的运动轨迹，包括火星的逆行过程。

不过子韦又补充道，可以将灾祸移到宰相和百姓身上。

景公是一位仁爱的君主，他认为宰相是辅国的重臣，移祸宰相既不吉祥，也不公道。如果移祸至百姓，百姓都死了，自己还当什么国君呢？

子韦说，要么就转化为今年庄稼的收成不好也行。

景公回答，移祸给庄稼的收成，同样是危害百姓，这些都不是为君之道。既然是命运的安排，还是由我自己来承担吧！

子韦听后非常高兴，立刻拜倒称贺，说景公不用这三种嫁祸于他人的方法，是"有德之言三，天必三赏君"，景公的仁德之心一定会感动上天，转祸为福。

这个传说的起因虽并无多少科学依据，之所以能流传后世，主要是反映了民众期望君主能够为民着想的美好愿望。

3. 重要的天象——日月食

晋朝咸宁五年（公元279年），在汲郡一座战国古墓中出土了一大堆竹简，原来这是记载中国古代历史的编年体史书，共有十二篇，包含了从夏商周到春秋和战国时期的历代大事，后人将这部书命名为《竹书纪年》。

《竹书纪年》使用古老的蝌蚪文（一种字形似蝌蚪的古文字）书写，其中有一些内容让人困惑，譬如记载有"懿王元年天再旦于郑"。就是说懿王元年的某一天，在郑这个地方天先后亮过两次。我们知道每天只有一次日出，一天之中天亮两回，是不是很荒诞呢？

直到现代，这个谜才被天文学家解开。原来这是一次黎明时分发生日食后造成的奇特天象。也就是说，太阳刚出来就遇上了日食，结果太阳就不见了，天也就黑了，等日食结束之后，太阳又重新出现，天也就再次亮了。这不就是天亮了两次吗？

另外，大家可别小瞧了这条记载，它可给历史学家帮上了大忙。之前的史书关于西周懿王在中国最早的确切纪年是"共和元年"（公元前841年）之前的四代，而具体的时间人们却一直不知道。不过既然是"天再旦"，那一定是当天发生过程度很深的日食，而大食分（"食分"大小表示日月食的程度，即被遮部分与太阳或月亮直径的比值）的日食是很罕见的天象，所以历史学家利用现代天文计算，甚至推算出书中提到的这一天就是公元前899年4月21日，是不是很神奇呢？

在中国古代，日月食可以说是最重要的天象，人们自古至今对它都十分重视。中国也是最早记录日月食的国家之一，历代也都有史官观察并记录日月食等天象的传统，甚至在商代甲骨卜辞中都有关于日食和月食的记录。

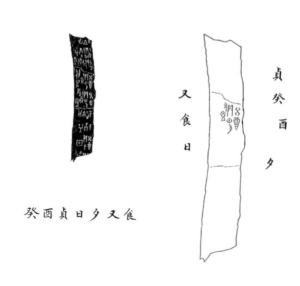

癸酉贞日夕又食

贞癸酉夕

又食日

◎ 甲骨中记载的"日食"

这块刻有"癸酉贞日夕又食"文字的牛骨，提到在商王武乙某年某月酉贞日的一次日食，是较早的关于日食的记载。

在诸多天象中，日月食为何是最重要的天象呢？

这是因为古人将帝王比作太阳，皇后比作月亮，如果发生日食和月食，日月的光芒将被遮挡，人们很自然地就将其与帝、后相联系，认为会对帝、后产生危害，因此，历代帝王们都很关心对日月食的观察和预报。

从汉代起，天文学家就能够借助于日食出现的周期以及日月大致位置来简单推算日食的发生时刻。所以日食发生前，人们就已经大致知道日食发生的时间，以此来提前应对将要发生的日食。

现在我们都已知晓日食和月食发生的原理：日食就是当太阳、月亮和地球处于同一直线上，月亮挡住了太阳光，导致地球上的局部地区，即使是白天，也看不到太阳或只能看到残缺的太阳。太阳完全被

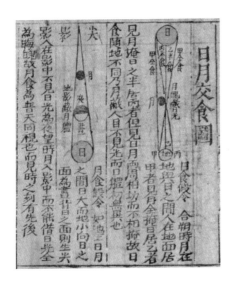

◎ 日月交食图

图中绘出了日食和月食发生时，太阳、地球和月亮的位置关系。

遮住称为日全食，部分被遮住称为日偏食。月食则是在同一直线上，地球遮住了太阳光，即月亮被地球的影子所遮挡。

虽然日月食的原理并不复杂，但由于太阳和月亮在天空的运行速度并不均匀，所以日月食的预报在古代是一个极为复杂的问题。

在汉代，人们通过计算，基本已经能够预测日月食发生在哪一天。到了唐代，日月食的预测误差已经缩小到几小时之内。到了元明时期，日月食的预测误差基本控制在一刻至两刻左右，清代则进一步缩小到一刻以内，预报已经相当精确了。

历朝历代都非常重视对日月食的预报，而明清时期钦天监作为专职的天象预报和观测部门，会在前一年事先预报下一年可能发生的日月食，并向皇帝呈报。在明代，钦天监一般只需要汇报都城北京的日月食情况，到了清代，则不但要预报北京的，同时还要预报其他各省份的日月食情况。

这是钦天监负责人南怀仁向康熙皇帝进呈的日食预测报告。依据惯例，钦天监的官员需要每年向皇帝呈报下一年会发生的日月食，并对时

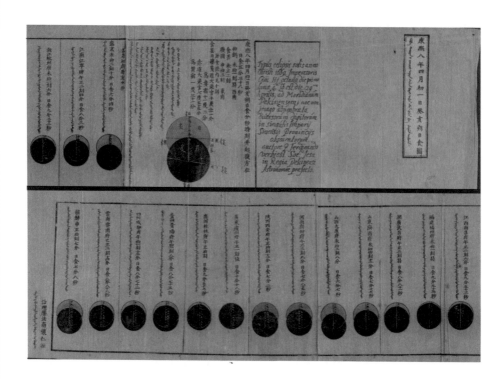

◎ 康熙八年（1669年）四月初一日癸亥朔日食图

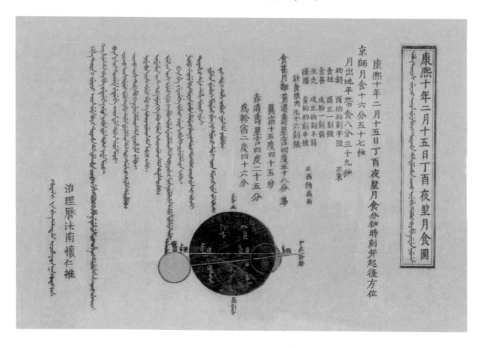

◎ 康熙十年（1671年）二月十五日的月食图

间和食分大小做出预报，这份日食图绘制有北京及各省份的时刻和食分大小。

　　在这份月食预测报告中，记载有京师也就是北京将出现一次月全食。月食开始的时间是酉初初刻，大约为下午五点一刻，月食结束的时刻是亥初初刻，大约为晚上九点一刻。

4. 神秘的天象——彗星

1682年8月，有一颗明亮的彗星拖着长尾巴横过苍穹。当时26岁的英国天文学家哈雷锁定了它的行踪，对它进行了持续的跟踪观测和研究，最后做出预言：这是一颗周期性彗星，周期约为76年，所以它将在1758年年底或1759年年初再次出现。

哈雷去世16年后，他的预言果然应验。

为了纪念哈雷的贡献，人们以他的名字命名这颗彗星，这就是著名的"哈雷彗星"。

就在100多年前的1910年4月，哈雷彗星再次华丽回归，从距离地球2300万千米远的地方飞过。当时它极为明亮，即便是在都市中也清晰可见。根据计算，哈雷彗星的彗尾会扫过地球，这引发了大范围的恐慌。因为当时人们认为彗星中含有氰，担心它会毒死地球上的生物。

其实，早在哈雷之前，古代的不同文明，如古代巴比伦、古代中国等都曾对这颗彗星有着非常详细的记载，只不过当时的人们并没有认识到它们是同一颗彗星，也不可能像后世的哈雷那样有条件从中探寻其科学规律。

◎ 巴比伦泥版中对哈雷彗星的记载

这块使用楔形文字书写的泥版，记录了公元前164年至公元前163年之间的天象，其中包括一次哈雷彗星出现和消失的记载，观测日期大约在公元前164年9月22日至28日。

彗星以其拖着的扫帚一样的长尾巴而得名，"彗"的意思就是扫帚。司马迁在《史记·秦始皇帝纪》中就曾记载过哈雷彗星：秦始皇七年（公元前240年），"彗星先出东方，见北方，五月见西方。将军骜死。以攻龙、孤、庆都，还兵攻汲。彗星复见西方十六日。夏太后死。"可见，古人常常将彗星与严重的灾变联系在一起，认为这次哈雷彗星的出现，与大将蒙骜和夏太后的死亡有关。

虽然彗星在漫长的历史长河中一度被认为是不祥的征兆。但实际上，它们和行星、小行星一样，都是太阳系中的一类天体，同时也是壮观、有趣、值得研究的天体。

彗星是太阳系中一种云雾状的小天体，分为彗核、彗发、彗尾三个部分。彗核是中央比较明亮的部分，它实际上是由石块、尘埃、甲烷、氨所组成。它体积不大，一般和地球上的小山差不多，是个名副其实的"脏雪球"。当彗星这个脏雪球飞向太阳时，由于太阳风的作用，彗星表面的冰会蒸发成气体，与尘埃粒子一起同绕彗核形成云雾状的彗发，它与彗核合称彗头。彗发又散射阳光，便形成了闪烁着淡光的彗尾，彗尾只是很稀薄的气体和尘埃，一般总是朝着背离太阳的方向延伸，有时尾巴会分叉变成两条以上。

由于大多数彗星并不是周期性彗星，它们只是"匆匆过客"，在绕太

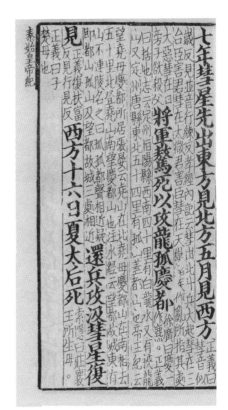

◎《史记·秦始皇帝纪》中对哈雷彗星的记载

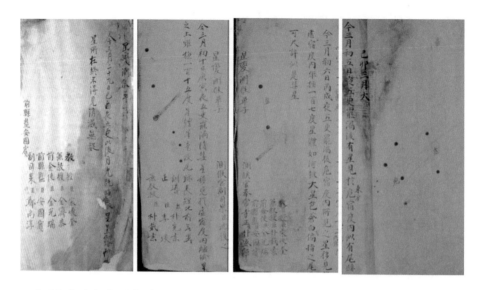

◎ 朝鲜《星变誊录》中对乾隆二十四年（1759 年）哈雷彗星的记载

古代朝鲜和中国一样重视对天象的观测，并且仿照中国设立了专门的天象观测机构书云观。其天象记录《星变誊录》记有 1759 年 4 月 1 日至 4 月 25 日哈雷彗星从出现到结束的全过程，并且还给出了每日哈雷彗星的图像，图像后面还有每日参与观测的大臣们的签名。

阳转一个弯后，就芳踪杳然，一去不回，所以人们常把彗星称为太阳系里的"流浪者"。而且彗星的运行轨道极不稳定，当它经过较大行星的附近，就会受到行星引力的影响，运动速度和方向便会发生改变，所以行踪也非常诡异。

中国古代对不同的彗星有着细致的观察，《晋书·天文志》就非常准确地描述了彗星的形态，认为彗星又称扫把星，彗星前面的核如同一颗星，后面尾巴像扫把，而且彗星自身不发光，靠近了太阳才有光。

不同形状的彗星也都有细致的分类。马王堆出土帛书中的彗星图，就绘有29种不同的彗星图形。这幅彗星图属于《天文气象杂占》的一部分，整个《天文气象杂占》长约150厘米、宽48厘米，绘有日、月、星、云气、晕、虹等的图像共约250幅，自上到下分为6列，并附有说明文字，彗星图就位于其中第6列的中部。

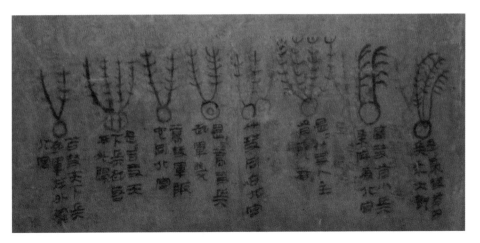

◎ 马王堆帛书中的"彗星图"

　　最引人注目的是，图中的彗星形态被明确地绘成彗头与彗尾两大部分。彗尾有宽有窄、有长有短、有直有弯，彗尾的条数为一至四条不等，是对诸多彗星尾部状况认真观测后的真实描绘。可见，当时的古人已经积累了不少关于彗星形态的知识，当然这些对彗星的观测与描绘主要是出于对星占的需要。

　　古人还使用了不同的名称来命名彗星。不同形态和名称的彗星有着不同的预示意义，如彗星图中有"赤灌，兵兴。将军死。北宫。""白灌见，五日，邦有反者。北宫。""浦彗，天下疾"等等。这里的赤灌、白灌和浦彗都是当时人们根据彗星的颜色、出现方位及时间长短而起的不同名字。

　　此外，在《开元占经》中采用"尺"作为单位来计量彗星尾巴的长短，按照中国古代表示角度的标准，经过现代学者研究，古代的一尺大致相当于现代的一度。古代彗星的尾巴长的可以长达数丈甚至10丈。10丈为100度，虽然这一说法略有些夸张，但是大的彗星尾巴长五六十度还是有可能的，这样的彗星横贯天空一定是十分壮丽的景象。

　　彗星的出现，总是有着星空背景作为依托。也就是说，彗星总是出

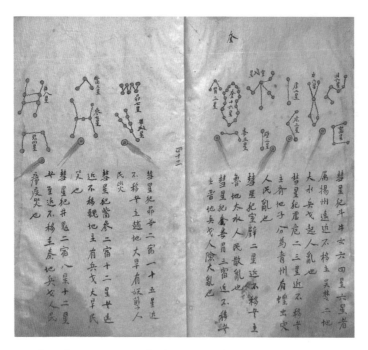

◎ 《通志·天文秘略》中描绘的彗星

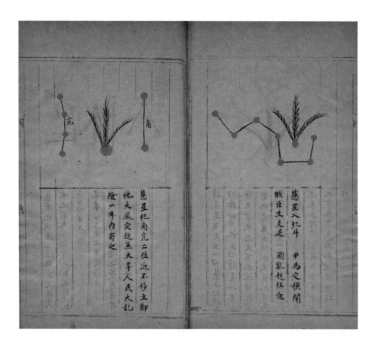

◎ 《观象玩占》中对"彗星入北斗"的描述

现在不同的星官位置中。这也为形成不同的占辞提供了依据，所以在中国古代的彗星占中，几乎彗星每经过一个星座，都有一套相应的星占解释。

由于彗星出现时拖着一条绚烂的长尾巴，有时还会拖着好几条尾巴，形状不可谓不奇特，行踪不可谓不神秘，古代众多文明将其与灾祸联系在一起，视作凶险的征兆也就不足为奇了。然而，历史上却有一位名人将彗星视作他的幸运之星，这就是赫赫有名的拿破仑·波拿巴，他曾发誓要在历史上留下自己的痕迹，像一颗彗星一样，通过一次绽放，照亮整个世界。

◎ 一幅描述彗星的欧洲版画

这幅版画描绘了 1556 年的彗星，天空中的彗星十分耀眼，就在这年的 5 月君士坦丁堡发生了大地震，所以图中绘有地震发生时，人们四处奔走逃难的场景，这幅版画将此次大地震与彗星的出现紧密地联系在一起。碰巧的是，就在同一年，在中国的华县也发生了一次特大地震，史称"嘉靖关中大地震"，这次地震伤亡人数达到八十万，是人类历史上记载的伤亡人数最多的一次地震。

在拿破仑生活的时代，曾出现过多次彗星，1811年大彗星就是其中最著名的一次。1811年10月，彗星达到最大亮度0等，而且这次彗星有着特大的彗发。俄国作家托尔斯泰在其史诗巨著《战争与和平》中，描述了主角皮埃尔·别祖霍夫亲眼看到了这颗巨大而灿烂的彗星，并认为这预示着各种困境来临，以及世界即将终结。事实上，在当时出现的大彗星也被普遍认为和不久之后拿破仑入侵俄国的事件有关（它甚至被称为"拿破仑的彗星"）。

◎ 一幅 19 世纪讽刺拿破仑的版画

这是一幅完成于 1807 年的讽刺漫画，在这一年的年底曾出现过一颗彗星，画家以此来讽刺拿破仑。这幅画的名称叫《约翰牛观测彗星》，画中的主角就是约翰牛，即 John Bull，他是早期象征英国的虚构角色，就像山姆大叔（Uncle Sam）象征美国一样。在画中约翰牛正在使用望远镜观测一颗不起眼的彗星，这颗彗星采用了拿破仑的人物形象，画家嘲讽了身材矮小化身彗星的拿破仑无法与太阳的光辉相提并论，而其中的太阳就是当时的英国国王乔治三世。

第二篇

星图篇

为了方便观测和标记星空，古人将夜空中的繁星划分成群，联合成象，形成了不同的星官或星座，并据此绘制成星图。星图是描绘天上恒星分布和排列组合的图像，它不仅是人们认识和记录星空的某种反映，也是研究和学习天文学的重要工具。中国古代星图历史悠久、种类众多、绘制精美细致，这是古代科学文明的一项重要成就，在世界历史上也是不多见的。

1. 早期科学星图——敦煌星图

　　1907年3月，尚未被外界真正发现、仍处在寂寞中的敦煌来了一位不速之客，他就是英国考古学家、探险家奥雷尔·斯坦因。他在探险途中得知敦煌莫高窟的消息，知道一个叫王圆箓（lù）的道士在此发现了一处藏经洞，里面藏有大量的佛经和卷轴。

　　经过反复沟通，斯坦因终于得到王道士的同意，得以进入藏经洞一睹这些珍贵的资料。

　　藏经洞储藏的资料极为丰富，远远超过了斯坦因的想象，这个野心勃勃的探险家最终仅用了4个马蹄银（大约200两白银）就从蒙昧无知的王道士那里换取了24箱写本和5箱绢画、刺绣等艺术品，其中包括完整的文书3000卷，其他单页和残篇共6000多篇，绘画500幅左右。经过18个月的长途运输，这批文物大部分在1909年运抵伦敦，收藏于大英博物馆内（1972年随着大英图书馆的建立，这些敦煌文献开始由大英博物馆转为大英图书馆收藏）。

　　在斯坦因带走的卷轴中，有一幅完整的星图，后人将其称为《敦煌

◎ 敦煌藏经洞

星图》。这幅《敦煌星图》，很快就在大英博物馆进行了展览。著名的科技史学家李约瑟博士在他的著作中高度评价了这幅星图，称它为"世界上现存最早的科学星图"。李约瑟还认为这幅星图制作的年代大约为公元940年，星图采用了类似墨卡托投影的技术。

《敦煌星图》属于一幅长卷轴的一部分，由13幅图和50行文字组成，共绘有1339颗星，257个星官，其数量远远超过了同时期及此后相当一段时间内的欧洲星图和星表。每月星图后面的

◎ 李约瑟博士

文字，写着农历月份和主要的星宿位置；月份之后，还有根据图中星宿指出了太阳的所在位置以及旦昏时刻的中天星官。星图中所有的星都是采用红、黄、黑三种颜色标记。

星图前面12幅图对应12个月，且每幅图的左边配有相应月令的文字，最后一幅是北极天区的星图，但没有说明文字。前面的12幅图是从十二月份开始的，星空对应二十八宿中的虚宿和危宿。也就是说，星图按照每月太阳位置的所在，将赤道附近的星分成12段，每段天区东西距离约30度，在每一小幅星图中画出赤纬约正负40度范围内的星状图形以及名称，星星用各色圆点表示，点与点之间使用黑色的连线表示星官图形。坐标方向则为上北右西，所以该星图的赤经（或黄经）自右向左递增。图中没有标记赤纬、黄道和银河，也没有绘出坐标网格。从太阳的每月位置所在来看，这沿用了《礼记·月令》中的描述，如"正月日会营室，昏参中，旦尾中。"也就是说，正月的时候太阳位于星官营室附

◎ 完整的《敦煌星图》

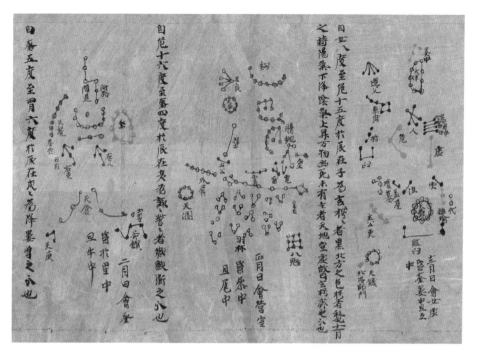

◎ 《敦煌星图》中的前三幅"横图"

三幅图分别对应十二月、一月和二月。

近，黄昏时中天对应的星是参宿，日出时中天对应的星是尾宿。

12个月的星图使用直角坐标投影，将全天的星绘制成所谓的"横图"（和通常的地图投影类似），这种方法的优势是赤道附近的星与实际情况较为吻合，但南北两极的变形极为严重（如同地图南北两极投影严重变形一样）。为了准确地绘制出北极天区（南极天区在中国无法观测，所以《敦煌星图》没有绘出南极天区部分），《敦煌星图》采用了所谓的"盖图"方式，即将北极紫微垣附近的区域以北极为中心，通过圆形平面投影，投影在一个圆形平面上。可以说，《敦煌星图》是目前已知最早的一幅分别采用"横图"和"盖图"来处理赤道附近和北极附近天区的古代星图。

北极天区绘制得非常清晰，中间有四个红色黑边圆点，分别为小熊座γ星，小熊座β星，小熊座5和小熊座4；另有一个浅色红点，这颗星

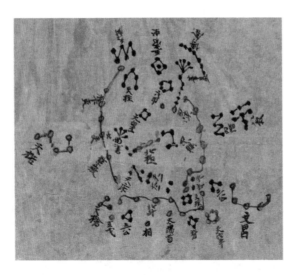

◎ 敦煌星图中的"盖图"，即北极天区图

可能就是北极星。整个北极天区绘有144颗星，大致对应中国古代星图中紫微垣。

近年来，法国原子能委员会物理天文学家马克·博奈·比多认为，《敦煌星图》很可能是一件临摹品，但总体上它所描绘星的位置非常准确，误差最大也只有几度。所以此星图不是单靠想象进行的简单绘制，背后遵循着严密的几何规则。12个月的星图所运用的投影法和等距投影、墨卡托投影一致，北极天区星图则运用了方位等距投影和立体投影。整个星图令人啧啧称奇的精确性，显示了中国古人天文观测达到相当精准的水平。

根据和星图同一卷轴上的云气图和占文部分的内容，和"臣淳风言"等语句，有学者认为，其作者可能就是唐代天文学家李淳风（公元602—670年）。此外，根据卷轴上面文字所使用的避讳原则（中国古代在某位皇帝统治期间，皇帝名字中的字不允许被使用），图卷中避讳"民"字，可以推断出该图绘制于唐太宗李世民统治（公元626—649年）之后，但并不避讳"旦"字，说明在唐睿宗李旦即位（公元710年）之前。这些线索表明，星图的绘制年代应该是在唐代初期，或者是年代较晚的人重新抄录了这份唐代初期的星图。

2. 石碑上的星图——苏州石刻星图

中国古代的星图不仅有绘制于在纸上的，还有刻在石头上的。

苏州就保存有这样一方石碑，高约216厘米，宽约106厘米，内容为一幅天文图，分为上下两部分，上部是星图，下部是图说。星图部分的直径为91.5厘米，下方有说明文字41行。

这幅星图是根据北宋元丰年间（1078—1085年）的天文观测结果完成，由黄裳于南宋光宗绍熙元年（1190年）绘制献呈，最后由王致远于南宋理宗淳祐七年（1247年）刻制而成。

苏州石刻星图使用盖天图式绘制，以北天极为圆心，刻画有三个同心圆圈。内圆圈的直径为19.9厘米，又称为"内规"，为北纬35度附近的常显圈，描绘了这一地区常年不落的常见恒星。中圆圈的直径为52.5厘米，为天赤道。外圆圈的直径为85厘米，又称为"外规"，相当于恒隐圈的范围，包括了赤道以南约55度以内的恒星。与天赤道相交的还有黄道圈，黄赤交角约为24度，黄道与赤道相交于奎宿和角宿范围内的两点。图中还有按二十八宿距星从天极引出的宽窄不同的经线，如同二十八辐射状线条与三个圆圈正向相交。"外规"之外还有两个具有刻度的圆圈，一个注明了二十八宿的数据，另一个注明了与之相应的十二次、十二辰及十二州国分野的名称。

苏州石刻星图共刻有恒星1400多颗，星图中间有银河斜贯其中，碑石上的银河刻画清晰，银河分叉处也非常细致。星图下的说明文字，依次解说天、地、人"三才"源流与关系，以及"天体""地体""北极""南极""赤道""日""黄道""月""白道""经星"（三垣二十八宿）"星"（金、木、水、火、土五大行星）"天汉"（银河）、"十二辰""十二次""十二分野"（十二州国）等概念。它使用了清晰、准确的文字阐释了中国古代的"三才说""五行说""三垣说""十二次"，以及"分野说"等观念，具有很好的天文教育功能。

这幅星图可以说是我国和世界上现存绘制年代最早、星数最多的石刻天文图，为我们了解中国古代的星图提供了极为珍贵的资料。由于是刻在石碑上，非常方便拓印，加之构图严谨规范，镌刻精致有序，因此这幅星图的流传也极为广泛，影响深远，在天文知识的传播方面也起着非常重要的作用。

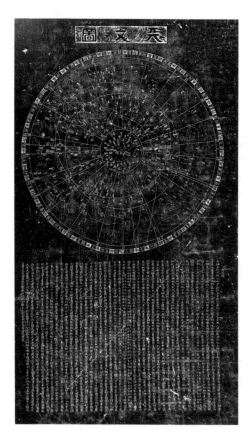

◎ 苏州石刻星图

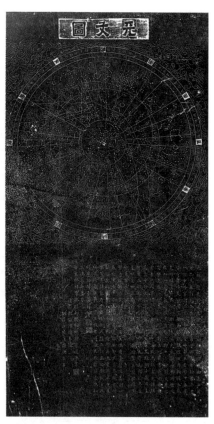

◎ 常熟石刻星图

　　苏州石刻星图也影响了此后的其他石刻星图，如明代正德元年（1506年）常熟知县计宗道等人就以此图碑为基础，制作了新的石刻星图，被后人称为"常熟石刻星图"。

　　常熟石刻星图碑高2米，宽约1米，厚0.24米，基本内容与苏州石刻星图类似，其星图部分订正了苏州石刻星图中的星位缺乱部分，但总体准确度不如苏州石刻星图。

　　星图下方有23行碑文，380余字，介绍了天体的起源，《史记·天官书》中的天区区划、星官数和恒星总数，经星（恒星）和纬星（五大行星），以及辰、次、分野等。可以说，常熟石刻星图是继苏州石刻星图

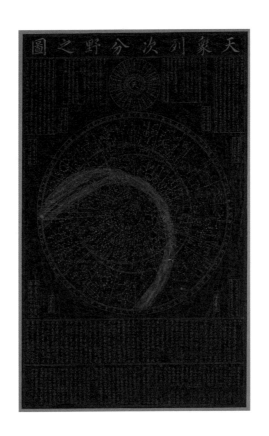

◎ 天象列次分野之图

之后的又一重要的古代石刻星图。

中国的石刻星图也曾对周边的国家产生影响。据说建立于中国东北和朝鲜半岛的古代国家高句丽就曾从中原得到一块石刻星图，后来唐朝与新罗联军于公元668年灭了高句丽，这块天文图石碑就在战乱中被沉入大同江。朝鲜的李氏王朝建立后，其开国君主太祖李成桂于1395年下令依据旧拓本重刻天文石碑，命名为"天象列次分野之图"，至朝鲜肃宗时，又依据新碑拓本再次刻碑。虽然该图历经重刻，但依旧保存了中国隋唐以前的部分星象，在传世中国星图中，它也是较早的根据实测绘制的中国古星图，具有重要的科学文化价值，同时它还见证了朝鲜半岛与中国悠久的科技与文化交流。

内蒙古呼和浩特市的五塔寺也有一幅著名的石刻星图，这幅星图为石刻蒙文天文图，位于北边的墙面上。这幅图是以北极为中心的放射状的"盖天图"，经纬线、银河和星座连线使用阴文单线刻画，黄道圈和黄赤刻度圈使用复线刻画。图上面的文字除了度数使用藏码以外，其他部分都是使用蒙文标注。石刻星图绘制时，是先用毛笔勾画和书写，刻工在凿刻时把运笔的粗细、顿止都表现了出来，体现了很高的雕刻技艺。

整个星图的主体结构，采用五个间隔不等的同心圆圈和28条经线表示，五个圆圈由里往外数，直径分别为13厘米、46.1厘米、71.4厘米、95.5厘米、127.6厘米。中间的一个圆圈表示天赤道。第二个圆圈为"夏至线"，第四个圆圈为"冬至线"，它们分别相当于地球上的北回归线和南回归线。最内和最外的圆圈，按习惯被称作"内规"和"外规"，也就是常显圈和常隐圈。

与其他早期的石刻星图不同，蒙文石刻星图左下部位还标有星等，这明显受到西方天文学的影响。旁边还有蒙文落款"钦天监绘制天文

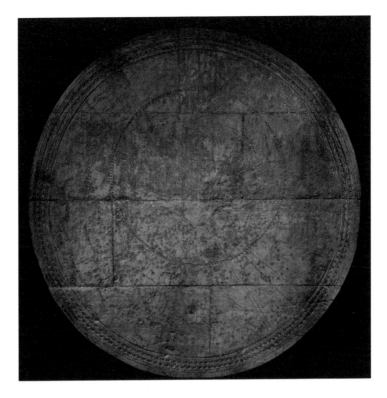

◎ 五塔寺蒙文石刻星图

图",说明它是依据官方实测绘制的清代星图。同时这幅图也是首个石刻的蒙文天文图,反映了当时的民族融合和科技交流。

　　这幅图的作者没有明确的文献记载,据推测可能与明安图有关。明安图是蒙古族著名的天文学家、数学家,他曾在康熙、雍正和乾隆三朝在钦天监任职数十年之久,不但有着较高的天文学水平,而且精通蒙语,他可能主持或参与了这幅蒙文星图的翻译。

3. 皇帝的屏风星图——赤道南北两总星图

明崇祯七年（1634年）农历七月的一天，负责督修历法的官员李天经正在焦急地等待崇祯皇帝的召见。因为这一天，他将向皇帝进呈一件特别的礼物，这是一件绘有星图的屏风。这件屏风一共八面，使用绢制成，可以转动开合。

李天经为何要向皇帝进呈这样的一幅屏风呢？这就要从几年前说起了。

明朝末年，当时使用的历法大统历已经非常不精确，在崇祯二年（1629年）的一次日食预测中，大统历出现了较大的偏差。时任礼部左侍郎的徐光启建议利用欧洲的西洋天文学来改进历法。

徐光启在天文学、数学、农学等领域均取得不凡成就，又因官至高位，有足够的能力开启中西文化交流之先河。在德国传教士汤若望之前，徐光启的另一位挚友意大利传教士利玛窦已经在北京去世。如今我们学习的那些几何学术语如点、线、平面、对角线等就是由他和徐光启翻译完成。在利玛窦和徐光启的影响下，晚明士大夫研习西学蔚然成风，先后有上百种西方典籍译成中文。在利玛窦之后，以汤若望为代表的更多传教士以天文学家、数学家、画家、地理学家等身份进入中国宫廷供职。

但是，尽管徐光启翻译过很多西洋历法著作，并将西方的天文学知识系统

◎ 汤若望

地介绍到中国，可是在随后与传统历法的较量中，西洋历法并没在日月食预报上取得明显的优势，徐光启洋为中用改进历法的计划面临搁置的危险。

为了让崇祯皇帝熟悉西方天文学，增加对西洋历法的兴趣，徐光启决定将采用西方天文学方法测绘的恒星星图绘制在一架屏风上，献给皇帝。在他的愿景中，皇帝在日常欣赏屏风的过程中，或许会对西方天文学产生更浓厚的兴趣，从而支持西洋历法。不幸的是，徐光启在世时，只完成了星图的图样。他死后，继任者李天经终于将星图绘于屏风之上献给皇帝。

《赤道南北两总星图》制作极为精美华丽，在木版墨印之后予以填色，是东方世界现存最大的一幅皇家星图。这幅图继承了中国传统星图的内容和特点，又融合了近代欧洲天文知识和最新成果，在中国星图发展中起着承上启下的作用，占有重要地位。

星图由徐光启主持测绘，汤若望等参与绘制，见证了中西方科学文化的交流。在星座的命名上，凡我国古代已有的，就沿用其名；凡我国古代没有的，则翻译欧洲星座名予以补充。在恒星的测量与定位方面，也借鉴了西方测量法，更加准确。从这幅图开始，中国历史悠久的传统星图的形式和内涵都发生了变化。

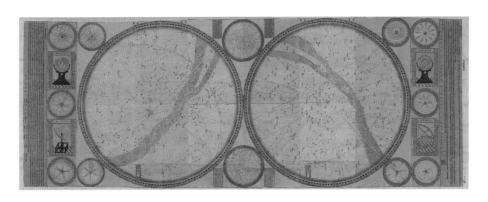

◎《赤道南北两总星图》

此图为明代的印本，在将此星图制成屏风献给崇祯皇帝的同时，汤若望等传教士还将其复制本寄回欧洲，所以现在欧洲还存有这幅星图。

细观这幅屏风上的星图，共八个条幅，中间圆形的赤道南、北星图各占三个条幅。另外两个条幅，一条是徐光启题的《赤道南北两总星图叙》，另一条是汤若望撰写的《赤道南北两总星图说》。中间的赤道南和赤道北星图，直径约157.8厘米，星图外部的圆圈就是天赤道。

在天赤道之外，还有五道表示各种刻度划分的圆圈。最外面一道标注有二十四节气和十二宫的名称，不过这里的十二宫借用了中国传统的十二次和十二辰来标记，如"玄枵（xiāo）子宫""星纪丑宫"等；二十四节气与之相对应，如以"冬至"为星纪宫的起点。从外往里数第二道，从春分点开始每隔十度标出一格，从"一十""二十"一直到"三百六"。从外往里数第三道，将整个天赤道从春分点开始划分成360格，每格涂成黄、黑相间，以表示为一度。从外往里数第四道，采用中国传统的度数划分，将天赤道分成365.25度（每度为100分）。最里面一道采用传统的二十八宿划分天赤道，并标出了每宿的距度，即每个宿覆盖的范围，如"斗距牛二十四度七十五分"。也就是说，斗宿的距星距离牛宿的距星，如果依据古度为二十四度七十五分。

由于这幅图是赤道坐标星图，星图的正中心画有一个直径约两厘米的小圈，内中注明为"赤极"，其中心就是天北极和天南极。"赤极"小圈外面又有一个以赤极心为中心，直径为25.5厘米的圈，这是我国传统星图中的常显圈（北天）和常隐圈（南天）。在常显圈（或常隐圈）和天赤道之间有二十八条直线，这就是通过二十八宿距星的赤经线。另有一条从赤极引向天赤道的红线，上面有刻度标，用于显示赤道纬度（赤纬线）。从春分点到秋分点之间还画有一条弧线，这就是黄道，黄道上也绘有刻度标，不过由于投影的关系，黄道上的这些刻度划分是不均匀的。

在南北两幅星图上，都贯穿有一条很宽的星带，星带的一端分成两个叉支，这就是银河。星带中除了画有星星外，还绘满了均匀的黑点，表示银河是由无数星星组成的。星图上的星都画成了大小不等的圆点，圆点的大小表示星的亮度，共分为六等。所绘恒星一等至六等星的星数分别为16颗、67颗、216颗、522颗、419颗和572颗，合计1812颗。另外，还有一种被称为"气"的天体（这其实就是星团或星云）。这些星的位置依据崇祯元年（1628年）为历元，绝大部分是通过实测得到的位置数据。有些星和星之间用直线联结起来，表示这些星是一个星组，也就是中国古代所说的星官。凡是古代就有的星官，就沿用这些名称。另外有一些是从西方传入的新增星官，例如南极附近的星，这是我国中原地区看不见的，所以这些星名都是翻译自当时欧洲的星图。

　　除了南北两大星图，图中还有一些附图，在主图正中间的上下方各绘有一幅小的星图，上面一幅是"古赤道星图"（又称"见界总星图"），这是中国古代传统星图的一种形式。下面一幅是"黄道星图"，采用西方惯用的黄道坐标绘制。此外，在主图的四个角落，还有四幅天文仪器图，分别是"赤道经纬仪""黄道经纬仪""纪限仪"和"地平经纬仪"，这些仪器都是典型的西方仪器，其设计源自丹麦天文学家第谷·布拉赫。

　　其他的辅图，还包括五幅"经图"和五幅"纬

◎《赤道南北两总星图》中的天文仪器

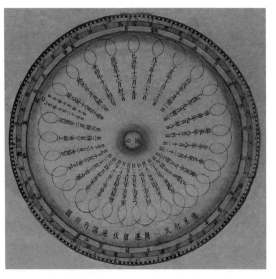

◎ 星图中描绘填星(土星)运动轨迹的"经图"

图",分别用于展示五大行星在黄道经度和黄道纬度两个方向上的运动轨迹,从而表明行星的迟、留、伏、逆等不同视运动过程。这些运动轨迹都是依据西方几何宇宙模型画出,所以这些轨迹,无论是经图还是纬图,都只是表示行星在理论模型中的行度,而并不是描画行星在天空中实际所见的轨迹。

在明代灭亡后,汤若望又将此星图重新刊印并上色,献给清廷,所以如今我们能看到这幅星图有不同的版本。不过,为了突出自己的贡献,汤若望在重印过程中删去了参与该图绘制的其他中国天文学家的名字,仅保留了他自己的名字。

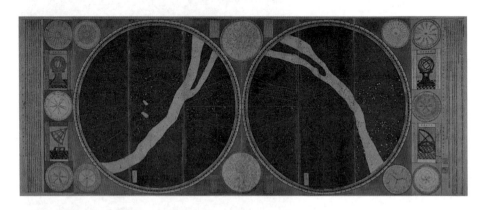

◎ 《赤道南北两总星图》

此图为清代的重印本,现存于中国第一历史档案馆,2014年入选联合国世界记忆亚太地区名录。

4. 铜版星图——黄道总星图

在中国古代众多星图中，有一幅显得与众不同，这就是《黄道总星图》，因为这幅完成于雍正年间的星图采用了西方铜版技术印刷，而在此之前中国古代的星图皆为木刻雕版印刷、石刻或者为抄本。

铜版印刷是凹版印刷术的一种，可以用于印制纸币和铜版画。由于铜版雕刻费时，工艺复杂，加之对刻工的艺术造诣也有很高要求，成本极高，所以大多用于制作精美的铜版画和地图等。铜版印刷技术大约在15世纪初由西方发明，铜版画最迟在17世纪末由来华传教士带入中国。至于铜版印刷术的传入，则要稍晚，大约在1713年左右。

意大利传教士马国贤是第一位在清代宫廷演示铜版画的人，他还介绍了如何学习这项技术。清廷雕刻铜版，与康熙皇帝有关，当时在华传教士刚开展了大规模的天文大地测量，用于绘制《皇舆全览图》。康熙询问马国贤还会哪些技能，马国贤回答还懂光学，并略知用镪水（一种强酸）在铜版上镌刻图画的技术。虽然马国贤之前未曾真正试过铜版术，但在康熙的要求下，他还是尝试镌刻了一幅风景画。

铜版画的制作原理大致是用金属刻刀雕刻或酸性液体腐蚀等手段把所需图样刻成铜板版面，再将油墨或颜料擦压在凹陷部分，用擦布或纸把凸面部分的油墨擦干净，然后用水浸过的画纸覆于铜版上压印。

由于当时中国缺乏制作铜版所需的腐蚀性强酸，为此马国贤花费了不少心思，他使用强白酒醋、氨盐、铜绿和碱性碳酸铜等材料。据他介绍，当时氨盐可以大量获得，但铜绿或碱性碳酸铜比欧洲使用的质量要差，导致腐蚀性不够，刻线很浅，且墨质也不佳，所以效果不是很好。

不过，康熙似乎对此还是比较满意，并先后要求用铜版印刷了《热河三十六景图》和《皇舆全览图》。随着铜版印刷技术的成熟以及铜版画在中国的流行，它也逐渐被用于星图的印刷。

1721年，意大利画家和雕刻家利白明来到中国，负责德国传教士戴进贤绘制的《黄道总星图》铜版的制作，并于雍正元年（1723年）印行。这幅星图主要参考了比利时传教士南怀仁的著作《灵台仪象志》，并在此基础上做了补充。

戴进贤，1680年生于德国兰茨贝格，16岁加入耶稣会，来中国之前，他在大学讲授数学和东方语言。1716年来华后，他受康熙皇帝征召进京参与历法修订，雍正三年（1725年），授钦天监监正，成为钦天监的实际负责人。他主持钦天监工作多年，在介绍西方天文学和进行天文观测方面，做出了诸多贡献。因为功劳卓著，雍正九年（1731年），他

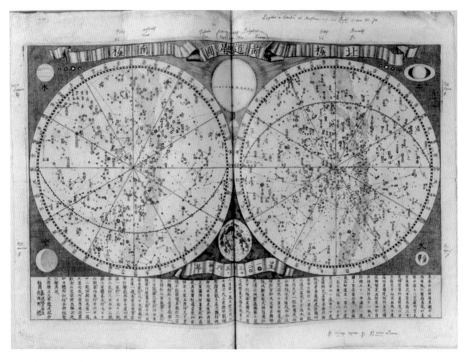

◎ 戴进贤《黄道总星图》雍正元年（1723年）第一版

英国藏书家 Philip Robinson 旧藏，星图四周有作者戴进贤的拉丁文笔迹。

被授予礼部侍郎二品衔。

《黄道总星图》整幅图宽60厘米，高37厘米，上面题有"黄道总星图"五个字，所有的星体，依据一至六星等以及气（即星云）共分为七种。整体结构上图下文，图形镌刻细致准确，具有明显的西洋风格。

◎ 戴进贤

除了采用最新的铜版技术印刷，这幅图还有另外两个特点。

一是采用黄道坐标体系，也就是说该图是以黄极为中心，分别绘制了黄道南北二幅恒星图，其中右边的是黄道北极部分，左边的是黄道南极部分。我们平常见到的中国古代星图以及现代的星图大多都是采用赤道坐标体系，这幅图则使用当时西方惯用的黄道坐标体系。此外，与中国传统方式采用的二十八宿来界划分割星图不同，该星图将一周360度分为十二宫，具有西方星图的特征。但同时又在各宫内注有二十四节气，也保留了一些中国特色，可以说是一幅中西合璧的星图。

二是星图四周绘有当时欧洲使用的望远镜的诸多最新天文发现。例如，图中部的上方绘有太阳黑子，中间绘有水星位相，下方绘有月面山海。左上角绘有木星及其卫星，右上角绘有土星光环及其卫星，左下角和右下角分别绘有金星位相和火星表面。图下有五百余字的文字解说，也详细介绍了这些最新的天文知识。如记载有"太阳之面有小黑影""天汉（银河）之内聚集无数小星""火星之面内有无定之黑影""金、水星俱借太阳之光，如月体相似，按合朔、弦望以显其光""土星之体仿佛卵形"等。

《黄道总星图》由戴进贤绘制，利白明制版印刷，图形精美，颇受欢迎，先后多次重印。

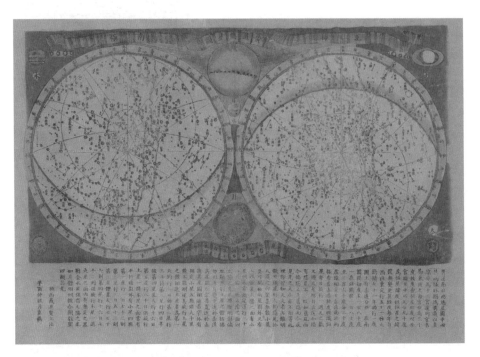

◎ 戴进贤《黄道总星图》嘉庆六年（1801 年）再印版

日本横滨大学图书馆藏，这一藏本为铜版印刷后再上色，更加精美。

第三篇

观测仪器篇

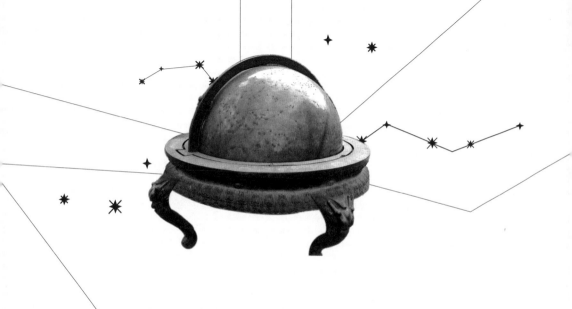

从天文学的整体发展来看，人们对日月星辰坐标位置的测定、时间的测算，以及天象发生过程的观察无不依赖于天文仪器。中国古代的天文仪器大致分为三类：一是测角仪器，如圆仪、浑仪、简仪、仰仪和正方案等；二是计时仪器，如圭表、日晷和漏刻等；三是演示仪器，如浑象等。这些仪器制作精美、构思巧妙、用途广泛，体现了先人的聪明才智，其中不少仪器也是古代非常重要的发明创造。

1. 量天之尺——圭表

很久以前，先民们发现树木、房屋等物体在阳光照射下投出的影子，其变化有一定的规律。在他们混沌初开的头脑里，这件事很神奇。自然，他们想要知道更多。

于是，他们在平地上垂直立起一根竿子或石柱，用来观察影子（这根立竿或立柱后来被叫作"表"）。他们发现正午时的表影总是投向正北方向，就把石板制成的尺子平铺在地面上（这把尺子叫"圭"），与立表垂直，尺子的一头连着表基，另一头伸向正北。正午时表影投在石板上，就能显示出表影的长度值。

最初他们可能也不一定意识到这么做的意义，然而日积月累，天长日久，他们发明了节气和计时法。

圭表是中国最古老，也是最简单的一种天文仪器。它最迟在周代就已经登上历史舞台，在元代发展至顶峰，并一直沿用至明清，历经两三千年被人们长期使用，在古代天文中发挥了非常重要的作用，被喻为"量天的尺子"。

◎ 《钦定书经图说》中的《夏至
　致日图》

图中描绘了古人在夏至这天利用圭表观
测日影，这一天正是一年中太阳影长最
短的一天，所使用的圭表由"表竿"和"土
圭"两部分组成。

圭表一般是木制或铜铸造。西汉首次出现铜表，据记载："长安灵台，上有相风铜乌，千里风至，此乌乃动。又有铜表，高八尺，长一丈三尺，广尺二寸，题云太初四年造。"其中提到的两件仪器，一是相风铜乌，一是铜表。前者是东汉张衡所造，后者为太初四年（公元前101年）制造。当时圭表的表高为八尺，这也成为此后圭表的标准高度。圭尺的长度为一丈三尺，为冬至时刻正午表影的长度。1967年，江苏仪征曾经出土一件东汉时期的铜制圭表，其实际尺寸只是当时标准圭表的十分之一，而且这件圭表还可以折叠，外形像一把铜尺。汉代之后，国家的天文机构基本上都使用铜来制造圭表，如今南京紫金山天文台还

◎ 江苏仪征出土东汉铜圭表

南京博物院藏，这件圭表高八寸，
尺寸只有标准圭表的十分之一。

保存有明代正统年间制造的八尺铜圭表。

古代通常以立表测影确定冬至时刻，由于多数情况下，太阳并不是在冬至正午时刻运行到距赤道最远位置，所以严格说，立表测影不能直接测量准确的冬至时刻，只能测定冬至所在的日期，而具体时刻因精度限制无法达到。

后来，数学家、天文学家祖冲之提出两条假设，一是冬至日前后相同时距的晷（日影）长相等，二是一天之内晷长是均匀变化的。虽然这两个假设不太严密，但产生的误差却很小。

也就是说，祖冲之发明了一种简单可靠的方法测算冬至时刻，即用圭表测量冬至前后若干天的正午太阳影长，以此来推算出冬至时刻，而不是仅仅测量冬至这一天正午的影长。

在登封观星台南20米处的周公祠前，有"周公测景（即"影"）台"石表一座，相传建于周代。西周时期周公姬旦在营建洛阳城时，曾来到阳城（今河南省登封市附近）测量日影，从而"求地中，测土深，正日影，以定四时季节"。现存的周公测景台建于唐开元十一年（公元

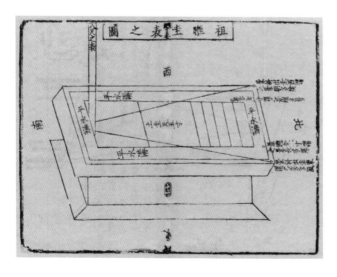

◎《尚书通考》中的《祖暅圭表之图》

祖冲之的儿子祖暅（gèng）也精通天文，在天文测影工作中做出过杰出的贡献，曾在嵩山顶端设立八尺高表，通过测影确定了观测地点纬度。另外，他还发明用"南表""中表"和"北表"三个表，精确测定南北子午线方向。

723年），并留有当时的天文官南宫说所刻的"周公测景台"字样。

周公测景台其实只是唐代进行的天文大地测量时的纪念性的地标建筑，并没有实际观测的功能。

由于古代圭表的表高一般为八尺，在晷影实际测量中，日光会有散射现象，随着表高的增加，表端的晷影往往模糊不清，阻碍了测量精度的提高。到了元代，天文学家郭守敬对圭表进行了改良，并且发明了景符。景符构造十分简单，就是将一片有小孔的薄铜片置于一个

◎ 周公测景台

小框架内，使铜片平面与阳光正交。然后将景符沿圭面南北方向移动，使太阳、横梁、景符上的小孔三者成一直线。这样圭表的圭面上，可以看到一个米粒大小的太阳图像，这实际就是利用了物理学上小孔成像原理。景符的发明使用，使得传统八尺圭表可以增高到四丈，为精确测量晷影铺平了道路。

郭守敬在祖冲之的基础上，用四丈木制高表与景符测得大量晷长数值，利用了其中98个不同日期的数据，推算出冬至和夏至时刻。郭守敬"以累年推算到冬、夏二至时刻为准"，并且在冬至时刻的基础

◎ 《唐土名胜图会》中的圭表

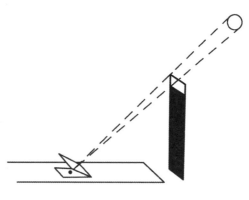

◎ 景符测日影　　　　　　　◎ 景符示意图

上，便很容易推算出一年的准确时长。最终，郭守敬通过多次测验，依据"以取数多者为定"的处理方法，给出了365.2425日的回归年值。

　　郭守敬这一系列工作，完全遵从了"冬至者历之本，而求历本者在

◎ 登封观星台

验气"的指导思想，展示了中国古代冬至时刻测算以及回归年长度推算中最为精密的理论与实践。

在元代，由于受到阿拉伯天文仪器的影响，人们认为天文仪器的尺寸越大，观测精度就会越高。因此郭守敬在河南省登封建造了观星台，观星台的主体建筑其实就是一个四丈高的圭表，相当于传统圭表的五倍高度。

2. 追星利器——浑仪

在科普读物或者某些科普场馆里，人们经常会看到一架具有龙柱和层层圆环的铜铸天文仪器。它造型雄伟，气势磅礴，托起整个仪器的四条龙柱栩栩如生、生气勃勃。仪器上的圆环相互嵌套，浑厚纯朴、铸造精良，这就是浑仪。

浑仪也叫浑天仪，是我国古代的一种天文观测仪器。整个仪器结构牢固，工艺华美，是中国古代科学技术、工艺美术、冶铸技巧、机械构造等多方面高度发展的结晶。它甚至成为中国古代科技发展的标志性图案。

浑仪可以用于测量日、月、行星以及恒星在天空的位置，以及两个天体之间的角度，是古代名副其实的"追星利器"。甚至可以说，在望远镜出现之前，它是最重要的天文观测工具。

浑仪在中国有着悠久的历史。

据史料记载，早在汉武帝时期就有了浑仪，此后东汉年间又陆续创造了多种浑仪。浑仪的发展是不断完善的过程，它的部件由少到多，由简到繁，最终趋于成熟。

◎《钦定书经图说》中的《璇玑玉衡图》

"璇玑玉衡"指的就是浑仪，图中描绘了帝舜摄政之后，使用浑仪观测天象。这幅图是后人的想象，在当时还没有浑仪这样复杂的天文仪器。

唐太宗贞观四年（公元630年）天文学家李淳风在前人基础上又创造了浑天黄道仪，他始创三重结构：六合仪、三辰仪和四游仪。六合仪包括地平圈、子午圈和赤道圈，三辰仪则是由白道环、黄道环和赤道环构成，最里面的四游仪包括一个四游环和窥管。唐玄宗开元九年（公元721年）一行和梁令瓒等人也制造有类似的仪器（黄道游仪）。到了宋代，浑仪的发展已经基本成熟，并一直为中国历代天文学家所使用。明代的浑仪与李淳风的浑仪相比，也只是取消了三辰仪中的白道环，另外加上了二分环和二至环而已，总体的结构基本一致。

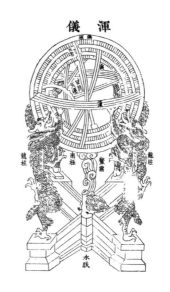

◎ 《新仪象法要》中的北宋"浑仪"

"浑天说"是中国古代的一种重要宇宙理论，"浑"字就有圆球的意思。这种理论认为天的形状像鸡蛋，天上的星星镶嵌在蛋壳上，地球如同蛋黄，人们在这个"蛋黄"上。

"浑天说"是在长期观测日月星辰的运动后建立起来的。太阳清晨从东方升起，中午经过南方，傍晚西下时映红半边天空；天黑后在东方看到的星星，第二天天亮前，就已挂在西边的树梢上。日月星辰就是这样周而复始地运动，《汉书·考灵曜》对此有出色的分析，它说："地恒动不止，而人不觉，譬如人在大舟中，闭牖而坐，舟行而人不觉也。"地球上的人们不觉得自己随地球旋转，只能观察到日月星辰在东升西落，在一个球面上围着地在旋转。

懂得了这一点，对浑仪的结构就容易了解了。浑仪的外形就预示着"天圆地方"，那栩栩如生的四条龙仿佛托起了天空。基座中间的鼇屃

（bì xì），传说是龙的第九子，口中喷出的云气化为鳌云柱，撑起了大地。正所谓"天圆地方，顶天立地"。浑仪的基座上有水槽，是古人用来灌水从而校正大型器械是否水平的水平槽。

浑仪的关键部件是"窥管"，就是一根中空的管子，形似现在的望远镜，但是没有镜头。人眼在管的一端，通过窥管可以看到天上一小块区域，窥管指向不同方向就能看到天上不同的区域。

那么，用什么办法来支撑这个窥管，使它能指向天上任何一个方位呢？

四游仪就是用来实现这个功能的。两个相互重叠的圆环，把窥管夹在中间，窥管可以在这个双环里滑动，只要在这个双环平面内的任何方向都可以看到。而双环可以绕两个支点转动，双环所在的平面可以扫过全天球，借助双环的旋转和窥管本身的移动，就可以看到天空所有的区域了。

除了四游仪和窥管外，浑仪的其他部分就是代表各种天文意义的环圈坐标和支撑结构。

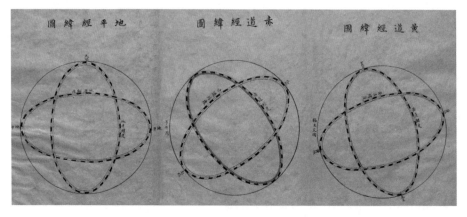

◎ 古天文中的三种常用坐标

这三种坐标依次是地平坐标、赤道坐标和黄道坐标，浑仪上的层层圆环其实就由这些不同的坐标体系构成。

　　浑仪的结构是依据古人心目中不断转动的天体圆球。这个圆球里面是许多一重套着一重的圆环，其中有些圆环可以转动，也有些是不能旋转的。这些圆环有的代表天球的赤道（赤道环），有的代表太阳的运行轨道（黄道环），有的代表月亮的运行轨道（白道环），还有一些象征地平面的地平圈等。如同使用经纬度可以表示地球上某点的地理位置一样，这些环圈上的刻度反映了从不同坐标体系中看到的天体坐标位置。在这些圆环的中间，还夹着一根细长的窥管。通过这根管子瞄准某个天体，就可以很方便地从这些圆环上读出这个天体在天空中位置的数据。

　　现存最早的浑仪是明代正统二年（1437年）铸造的，保存在南京紫金山天文台。仪器总高3220毫米，基座为2458毫米×2452毫米，仪器总重约10吨。浑仪支承部分由鳌云柱、龙柱、基座、四座云山组成，一共30多个构件。浑仪核心的观测部分由六合仪、三辰仪和四游仪三层圆环结构组成。

◎ 明代正统年间铜制浑仪（南京紫金山天文台藏）

六合仪环规图

三辰仪环规图

四游仪环规图

◎ 明代浑仪的结构

明代浑仪的结构是由多个环圈组成，其中最外一层环圈也兼作支架，由三个圈组成，因为它们共有六个相交的结合点，所以称为"六合仪"。浑仪中间一层的环圈，它们代表天球坐标，即赤道坐标中的天赤道圈，两个赤经圈及一个黄道圈，这些圈用于反映日、月、星三种天体的位置，所以称为"三辰仪"。浑仪最内一层环圈，由一对平行的圆环以及一根用于瞄准的窥管构成，因为这一层环可以自由转动游走，所以称为"四游仪"。

浑仪虽然精巧，但古代仪器制作的精度比较有限，要把这么多圆环严丝合缝地组装在一起是十分困难的。此外，其自身结构上也有很大的缺点：一个球体的空间是有限的，在这里面安装了大大小小的七八个环，而且还一环套一环，就会导致重重遮蔽，把许多天空区域都遮住了，缩小了仪器的观测范围，给观测带来了障碍。另外，不同的圆环上都有各自的刻度，读数系统也非常复杂，观测者在使用时，需要同时读出不同环上的刻度，操作上也较为烦琐。

另外，浑仪的设计和制造也反映了中国古人"一仪多用"的理念，也就是在一件天文仪器中加入多种不同的功能。这就如同大家平常使用的一体机，具有打印、扫描、复印和传真等多功能。但功能多了，操作自然不便，维护起来也相当麻烦。所以，在西方，人们开始倾向于"一仪一用"的方式。例如，欧洲天文学家第谷设计天文仪器时，就分别使用不同的仪器来测量地平、赤道和黄道坐标。

浑仪的这些缺点，在很长时间内都没有得到有效的改正，一直到郭守敬那里，才最终克服了这个难题。

◎ 1876 年伟烈亚力所绘的浑仪

伟烈亚力是晚清来华传教士，与中国学者李善兰等人翻译了大量西方科学著作。

3. 巧思绝伦——简仪

简仪是中国古代用于测量天体坐标的一种天文仪器，它的发明者是郭守敬。郭守敬不仅是我国元代卓越的天文学家，还是出色的水利工程专家、仪器制造家、数学家，他参与编制了我国古代最精密的历法——授时历。

郭守敬出身于书香门第，他的祖父郭荣就是一位博学之士，儿时的郭守敬就是在祖父的熏陶和教导之下成长的。郭守敬善于思考和动手，从小就爱钻研。十五六岁的时候，他就曾利用竹片和竹枝制作了一台简易的浑仪，用于天象观测。

后来，郭守敬受命参与历法的修订工作，为了改进天文观测结果，他制造了许多先进的天文仪器，这其中最为重要的就是简仪。

◎ 郭守敬

简仪是将结构繁复的唐宋浑仪加以革新简化而成，故名"简仪"。中国传统浑仪的结构经历了由简单到复杂的过程，从两重发展到三重，从只有赤道环发展到增添黄道（即太阳的视运动轨道）、白道（即月亮的运动轨道）等诸环，但正如我们前面所提及的那样，在其发展的同时也产生了诸多弊端。例如，多环叠套的结构给精密制造带来了困难；环数越多，被遮蔽的天区也就越多，影响观测。而且仪器结构越复杂，越是难于操作。

北宋时期，沈括就曾指出唐代僧一行等人的浑仪操作复杂，很难使用，于是创制了新型浑仪，简化其结构。比如取消白道环，缩小某些部件的横截面积，调整黄道、赤道及地平诸圈的位置以减少遮挡等。而郭守敬设计制造的简仪比沈括的改进更加彻底。

郭守敬的简仪主要由一架赤道经纬仪和一架地平经纬仪构成，底座上还有水平槽，并装有正方案（郭守敬设计的定向仪器，可以用来测定方位），用以校准仪器的水平和朝向。简仪摒弃了将三种不同坐标的圆环集于一体的方法，除了废除黄道坐标环，还将地平和赤道两个坐标环分开，即所谓的地平经纬仪和赤道经纬仪。此外，他还废弃了浑仪中的一些圆环，赤道装置中仅保留四游、百刻、赤道三个环，地平装置中除了地平环外，则另增加了一个立运环。

简仪有北高南低两个支架，支撑着可以旋转的极轴，其赤道经纬仪部分与现代望远镜中的赤道装置结构基本相同，轴的南端有固定的百刻环和游旋的赤道环，不像浑仪那样有许多圆环妨碍观测，所以基本能对全部天空一览无余。

简仪的地平经纬仪部分称为立运仪，与近代的地平经纬仪类似。它包括一个固定的地平环和一个直立的、可以绕铅垂线旋转的立运环，还有窥衡与界衡各一，用来测量天体的地平高度和方位角。

总而言之，为了使浑仪变得简单而灵便，郭守敬只保留了浑仪中最主要的赤道装置和地平装置两部分，并且把两部分相互独立出来，不像浑仪那样相互重叠干扰。至于其他不必要的各种圆环系统，郭守敬也都果断地将它们去掉，旧式浑仪的主体结构得到大幅简化，很好地解决了各部件相互遮挡的问题。

郭守敬之所以敢大胆去掉浑仪中的黄道结构，与元代的数学发展有关。当时的"弧矢割圆术"（相当于现代的球面三角函数）已经能够很好地计算黄道和赤道坐标的转换。所以，只需观测到赤道坐标的位置，就可以通过数学推算得到黄道坐标的位置，而不再需要对黄道坐标进行

◎ 明代正统年间铜制简仪（南京紫金山天文台藏）

重复观测。可以说，数学知识的发展为郭守敬简化浑仪的想法提供了支持。此外，郭守敬简仪的刻度划分也更为精细，以往的仪器一般只能读到一度的1/4，而简仪却可读到一度的1/36，精度也提高了很多。

简仪在至元十三至十六年（1276—1279年）制成，安装于元太史院。明英宗正统年间又曾仿制过一架简仪，后者直到清代初年还存于北京的观象台，直到抗日战争前被迁往南京，如今陈列于南京紫金山天文台。

《明代正统年间铜制简仪》图中左上方的两个垂直圆环就是简仪的赤道装置，它们当中一个为四游环（即此图正中的圆环，用于测量赤道纬度），与之垂直的是赤道环与百刻环（用于测量赤道经度）。四游环中间夹着窥管，窥管可以绕四游环的中心旋转，只要转动四游环，通过窥管瞄准空中的任何一个天体，就可以确定其在赤道坐标上的位置。右下方两个互相垂直的圆环就是地平装置，它们当中一个是与地面平行的阴纬环，代表地平圈，环面上刻着地平方位。另一个是垂直于阴纬环的立运环，代表地平经圈，环面上刻着地平高度。

◎ 1875 年的简仪照片

◎ 1876 年伟烈亚力所绘的简仪

图中简仪左上角的小圆环为定极环,通过它可以瞄准北极星,从而将简仪调整到正确的位置。

得益于郭守敬发明的简仪，天文观测的精度和效率都得到大幅提高，为当时的历法改革活动提供了有力支持。

1981年，为了纪念郭守敬诞辰750周年，国际天文学会以他的名字给月球上的一座环形山命名，郭守敬与他热爱的星空永恒地联系在一起。

4. 神工意匠——水运仪象台

细心的同学可能会注意到，在科技馆或博物馆时常会看到一种名为"水运仪象台"的展品模型。水运仪象台是北宋时期建造的大型天文仪器系统，相当于一架集浑仪、浑象和计时装置于一体的天文台，同时具有天象观测、天象演示与计时的功能。可以说，它代表了中国在11世纪末天文仪器设计和制造的最高水平。

水运仪象台拥有三项令人瞩目的创新之处，首先是将水轮（即"枢轮"）、齿轮系、控制机构、计时器、浑象和浑仪等集成为一个机械系统，反映了高超的设计复杂机械的能力。其次，发明了由杆系与秤漏等构成的控制机构（即"天衡"），其功能大致相当于近代机械钟表的擒纵机构。此外，仪象台的屋顶被设计成可开闭的结构，具有现代天文台活动圆顶的雏形。

中国古代一直有采用水力驱动天文仪器的传统，据《晋书·天文志》记载，汉代天文学家张衡曾制作水力驱动的天球模型，唐代天文学家僧一行和梁令瓒，以及北宋天文学家张思训都曾制造水力驱动的浑象和计时装置。宋哲宗元祐元年（1086年），苏颂任吏部尚书，检验太史局的天文仪器时，发现浑仪年久失修，难以使用，奏请另制新仪。随后，皇帝诏命他"定夺新旧浑仪"，于是苏颂便考虑采用这种水力驱动的天文仪器。

苏颂是北宋著名政治家和天文学家，他22岁时与王安石中同榜进士，官至左光禄大夫守尚书、右仆射兼中书门下侍郎。针对旧式浑仪存在的不足，苏颂找到吏部官员韩公廉，一起讨论如何制作新仪器。韩公廉通数学，擅长制作机巧之器，是"通九章算术，常以勾股法推考天度"的技术人才。此外，苏颂还到外地查访，发现了在仪器制造方面学有专长的寿州州学教授王沇（yǎn）之，使其"充专监造作，兼管勾收支官物"。接着，苏颂又考核太史局和天文机构的原工作人员，选出夏官、秋官、冬官等人来协助韩公廉。

在苏颂的组织下，韩公廉起草了设计方案《九章勾股测验浑天书》，并造出一架"木样机轮"。经批准又于元祐三年（1088

◎ 水运仪象台想象图

年）完成"小样"，经试验成功后制"大木样"。最终于元祐七年（1092年）在汴京（今河南省开封）正式建成了高近12米、台底7米见方的水运仪象台，堪称当时世界上最先进，且技术综合程度最高的大型机械装置。

建成后的水运仪象台依据苏颂的"兼采诸家之说，备存仪象之器，共置一台中"的思想，分为上中下三层。最上层设有浑仪，用于观测星空，上有可以开闭的屋顶；中层为浑象，用于演示星空；下层则是动力装置及计时、报时机构，通过齿轮传动系统与浑仪、浑象相连，使得这座三层结构的天文装置环环相扣，与天体运行同步。

在报时系统中，显示和击报时刻的装置又分为五层，放在机轮之前。五层中又各有木人，"第一层，时初木人左摇铃，刻至中击鼓，时

◎ 水运仪象台模型

正右扣钟；第二层，木人出报时初及时正；第三层，木人出报十二时中百刻；第四层，夜漏击金钲（zhēng，古代的一种乐器）；第五层，分布木人出报夜漏箭"。可以说，整个报时装置巧妙地利用了160多个小木人，通过钟、鼓、铃、钲等乐器，不但可以显示每天日间时刻，还能报昏、旦时刻以及夜晚的更点。

水运仪象台的巧妙之处还在于，通过同一套传动装置和一个机轮将中下三层连接起来。当漏壶的水冲动机轮后，会带动浑仪、浑象、报时装置一起转动起来，设计极为精巧。据《宋史·天文志》记载："元祐间苏颂更作者，上置浑仪，中设浑象，旁设昏晓更筹，激水以运之，三器一机，吻合躔度（躔chán；躔度，日月星辰运行的度数），最为奇巧。"

水运仪象台建成后，苏颂等人还撰写了《新仪象法要》一书，详细介绍浑仪、浑象和水运仪象台的结构及其设计和制作情况。该著作历时3年，最终于绍圣三年（1096年）完成。《新仪象法要》可以说是中国古代流传下来的最为详备的天文仪器专著，全书附有全图、分图60余幅，绘有机械零件150余种，为我们了解这座仪象台提供了难得的史料。此外，书中还附有依据实测绘制的两套共5幅星图，绘有恒星1464颗。

1127年，金人攻占北宋汴京城，将水运仪象台拆运至金中都大兴府（今北京），但未再按原貌将浑仪和其他零部件重新组装，最终"天轮、赤道牙距、拨轮、悬象、钟、鼓、司辰刻报、天池水壶等器，久皆弃毁，惟铜浑仪置之太史局候台"。自此以后，历代再也没有制作过如此复杂的机械天文仪器。元明两代虽然也有人尝试制作水轮驱动的计时器，但这些仪器没有与浑象结合在一起，自此人们再也无法完成水运仪象台这样的神工意匠之作。

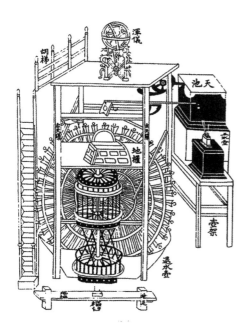

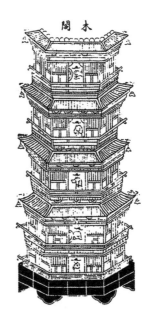

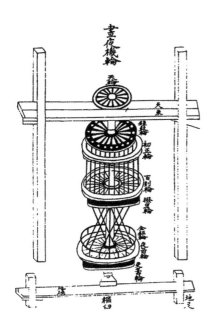

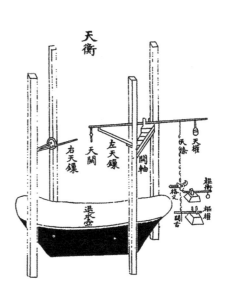

◎ 《新仪象法要》中记载的水运仪象台内部结构

◎ 水运仪象台内部细节复原

第四篇

历法计时篇

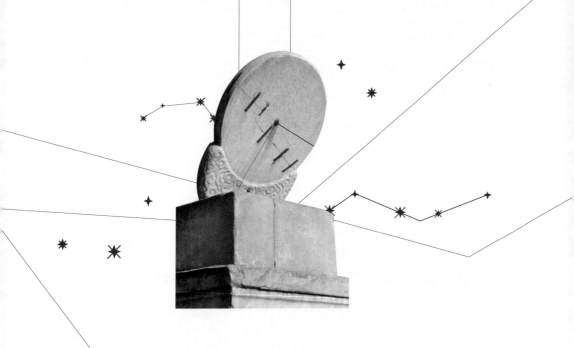

中国古代历法在漫长的历史岁月中，延续了完备的纪日制度，使得历史事件大多都有确切的时日可考，这在世界历史上是不多见的。中国古代使用阴阳合历，通过大小月和置闰等方法，让太阳和月亮两种周期巧妙地结合起来。为了表达季节气候的变化，古人还创立了二十四节气指导农业生产，这也是中国所独有的。在国际气象学界，二十四节气甚至被誉为"中国的第五大发明"。

1. 国祚之本——历书

咸丰十一年（1861年）8月22日，咸丰皇帝病死于热河避暑山庄，他六岁的儿子载淳即位。因为载淳年纪尚小，咸丰皇帝临死前任命八位大臣为"赞襄政务大臣"来辅佐小皇帝。新皇帝即位不久，9月3日定年号为"祺祥"，取幸福吉祥之意。钦天监为此也准备了《大清祺祥元年岁次壬戌时宪书》作为下一年的历书，刊印颁布全国。然而就在几个月后，朝廷突然下令，紧急收回之前已经颁布的祺祥元年历书，并且重新刊印了《大清同治元年岁次壬戌时宪书》。

这是为什么呢？难道是之前的历书印错了？

当百姓们比较两份历书后，发现它们的内容是完全一样的，只是换了名称而已，也就是将年号"祺祥"改成了"同治"。既然内容上没有差别，也不影响使用，朝廷劳民伤财地销毁旧历，重印新历，岂不是多此一举吗？

这要从历书的地位说起。

历书相当于我们今天使用的"日历"，不过在古代它可远远不只是

◎ 大清祺祥元年历书（左）和大清同治元年历书（右）

用来查询日期用的，历书还有重要的政治意义。

　　古时历代王朝每年都向统治的地区和认同王朝统治的周边政权颁赐历法、宣布正朔，即颁赐历日。"正"是指一年之始，"朔"是指一月之始，厘定正朔是颁布历法的基本内容。正朔的发布与接受是关系到王朝统治权的大问题，自古就是极为重要的一件事。

　　祺祥元年历书颁布后不久的11月2日，发生了辛酉政变。原来载淳即位后，将先帝皇后钮祜禄氏封为慈安太后，同时尊自己的生母懿贵妃为慈禧太后，慈禧又提出了两宫垂帘听政的建议，但这遭到八大辅政大臣的集体抵制。随即，两宫太后决定联合恭亲王奕䜣，铲除八大臣，为最终垂帘听政扫平障碍。政变成功后，11月7日，朝廷下诏改祺

◎ 同治皇帝

祥年号为同治，并规定这个年号从下一年开始实行，寓意两宫太后共同治理天下。由于颁历事关重大，朝廷只好赶忙下旨收回之前的祺祥元年历书，这就出现了此前所说的那一幕。

我国很早就有各式各样的历书。在印刷术出现之前，最早的历书是写在竹简上的，自1975年湖北睡虎地11号秦墓出土有"日书"后，已经发现有很多秦汉时期的历书。这类竹简上的历书有着不同的名字，常被后人称为"日书""历日""历谱"和"质日"等。

早期的历书不仅有查询日期的功能，还有"记事"的功能，由于当时的历书很贵重，一般的老百姓是用不起的，通常只有官员才拥有。官员们经常在历书上记录各种公务活动，同时也记录一些私人活动。例如在岳麓书院保存的秦简中就有一份秦始皇三十五年（公元前212年）的质日，里面就有历书拥有者记录的从南郡往返咸阳的旅行记录，其中还提到大量当时的地名。

后来的历书内容逐渐丰富，除了包含有年、月、日等日期信息外，还包含有节气、太阳所在宿次、物候、月相、昼夜长度、日出日落时刻等信息。此外，历书还加入了年神方位和历注等信息，这些都是与择日有关的内容，如建除十二值、吉神、凶神和每日宜忌等。也就是告诉人

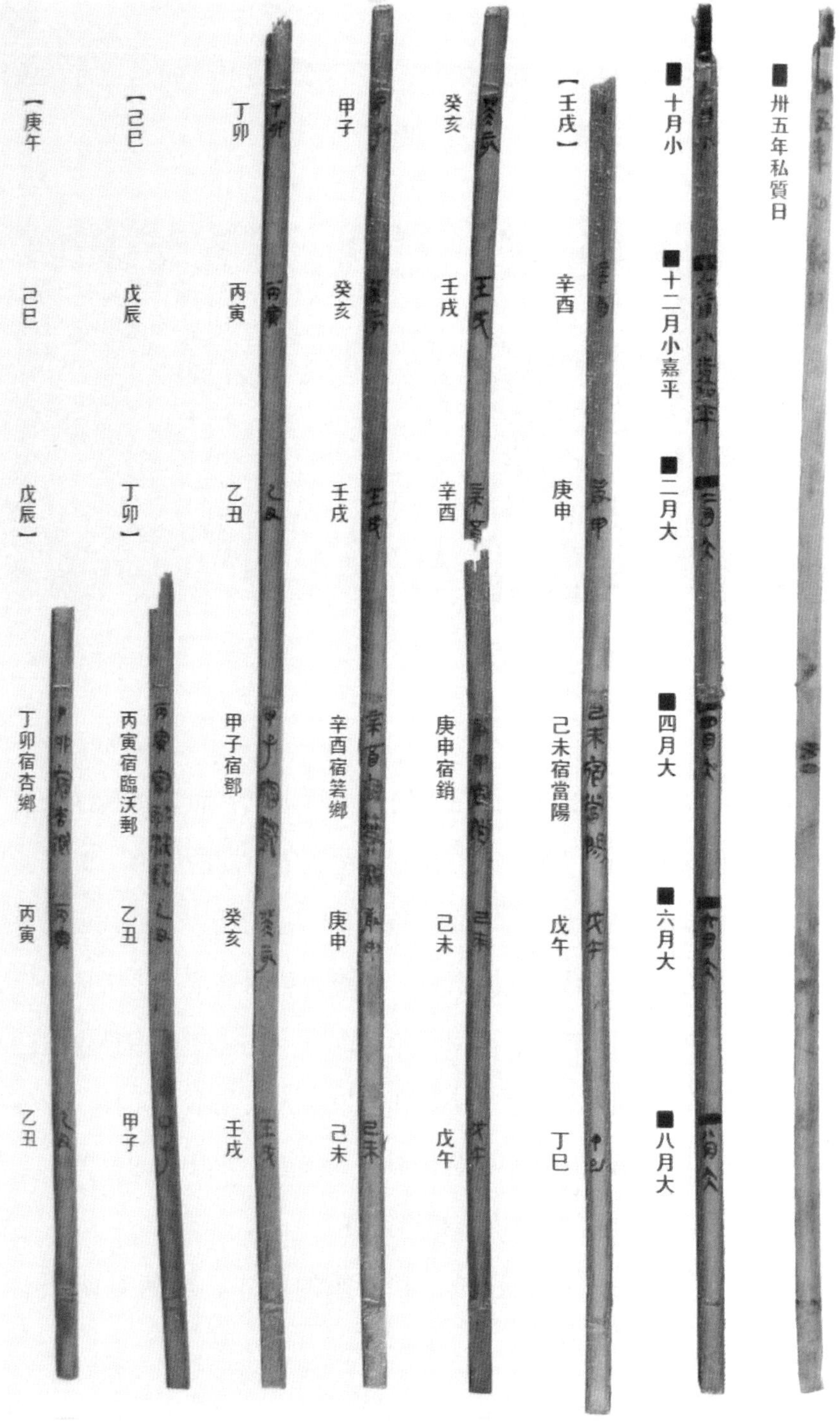

■卅五年私質日

■十月小　■十二月小嘉平　■二月大　■四月大　■六月大　■八月大

〔壬戌〕　癸亥　甲子　丁卯　〔己巳〕　〔庚午〕

辛酉　壬戌　癸亥　丙寅　戊辰　己巳

庚申　辛酉　壬戌　乙丑　丁卯　戊辰

己未宿當陽　庚申宿銷　辛酉宿箬鄉　甲子宿鄧　丙寅宿臨沃郵　丁卯宿杏鄉

戊午　己未　庚申　癸亥　乙丑　丙寅

丁巳　戊午　己未　壬戌　甲子　乙丑

◎ 岳麓书院藏秦始皇三十五年竹简"质日"

们每天适合做什么，不适合做什么。

到了明清时期，随着民族的融合，除了汉文历书，朝廷还特意编印了满历、蒙历、回历和藏历等少数民族文字的历书。

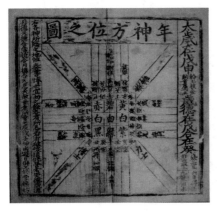

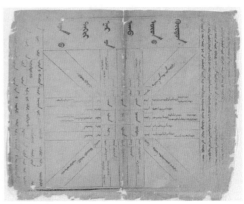

◎ 大明弘治元年（1488 年）大统历书中的年神方位图

◎ 清代满文时宪历书中的年神方位图

纸被发明以后，人们不再使用竹简来书写历书，而是将其抄录在纸上。在敦煌卷轴中，我们现在还能找到一些唐宋时期的历书。例如，后唐同光二年甲申岁（公元924年）的具注历日，这份历书是五代后唐敦煌地方政权自编的历日，原藏敦煌石室，现藏大英图书馆。该历书的作者是翟奉达，历书的前面有年九宫图、年神方位、推七曜直用日吉凶注及诸杂忌注，另有"葛仙公礼北斗法"和"申生人猴相本命元神"图各一幅，图文并茂。历书还记载有日期、干支、弦望（即月亮的月象）、节气、物候和昼夜时刻等信息，内容相当完备。

在古代，颁布历书的过程是一种隆重的仪式，历朝对此都十分重视。

明代沈德符记载，每年历书印好之后，十月初一都要举行盛大的颁历仪式，"是日御殿比于大朝会，一切士民虎拜于廷者，例俱得赐。"

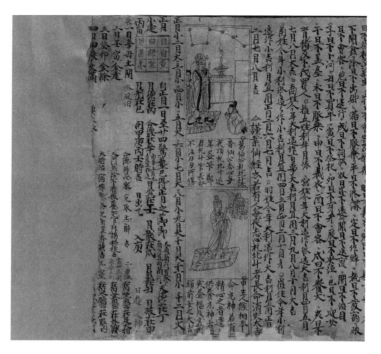

◎ 后唐同光二年甲申岁（公元 924 年）具注历日

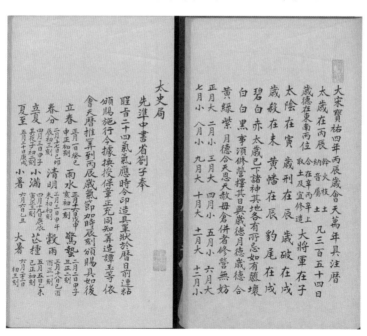

◎ 大宋宝祐四年 (1256 年) 丙辰岁会天万年具注历

宋代负责编历的部门是太史局，这一年的历法是由当时的保章正谭玉等人负责推算，奉旨颁赐施行。

在清代，每年十月的第一天，文武百官齐聚紫禁城，等待接受皇帝颁布的下一年度历书。这天一大早，大臣们便早早出门，穿着象征身份和地位的朝服赶往紫禁城。与此同时，钦天监的官员们也护送着印制精美的历书，从钦天监来到紫禁城。历书的尺寸大小和装帧也有所不同，给皇帝、皇后和其他嫔妃们使用的历书都是装潢华丽的特大号版本，封面使用正黄色丝绸，并且还用绣着金线的绸缎包裹着。赏给大臣们的历书封面则覆盖着红色丝绸，大臣们在行过三拜九叩的大礼后，按品阶高低，依次领取历书。

王公大臣们可以从皇帝那里得到赏赐的历书，普通百姓就只能自己购买了。早期的历书，由于纸张很贵，印刷术也不发达，所以造价昂贵，一般人家都负担不起。自宋代之后，历书在民间开始普及，明清时期，每年的历书印刷达到数十万册，甚至上百万册，基本可以满足大多数家庭的需求。

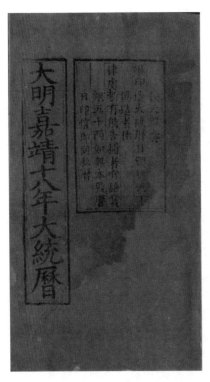

◎ 大明嘉靖十八年（1539年）大统历封面

而销售历书所得也是朝廷重要的收入来源之一，以至于官方一直垄断历书的印刷与销售。在明代，为了防止民间私印历书，大统历日（明代的历法叫大统历）的封面还印有防伪官印曰："钦天监奏准印造大统历日颁行天下，伪造者依律处斩，有能告捕者，官给赏银五十两，如无本监历日印信，即同私历。"也就是说，伪造或私刻历书的处分相当严厉，是要杀头的，举报者朝廷还会给以奖励，赏银五十两。

明朝灭亡后，南明各政权皆沿用大统历，以示继承大明统治的合法性，中国台湾傅斯年图书馆就藏有大明监国鲁五年（1650年）《大统历书》。此外，牛津大学图书馆也藏有大明永历三十一年（1677年）《大统历书》。永历是南明皇帝朱由榔的年号。永历十六年（1662年），朱由榔被吴三桂绞杀于昆明。随后自郑成功于永历十六年收复台湾，至永历三十七年（1683年）十二月郑克塽降清为止，台湾一直使用永历年号。

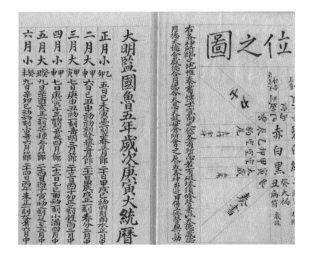

◎ 傅斯年图书馆藏大明监国鲁五年《大统历书》抄本

◎ 牛津大学图书馆藏大明永历三十一年《大统历书》

2. 铜壶计时——漏刻

《史记·司马穰苴传》里有这样一个故事：春秋时期，齐国司马穰苴（ráng jū）与监军庄贾约定某天中午在兵营门口见面。当天司马穰苴先赶到军中，立起了计时的圭表和漏刻，等待庄贾。但身为国之重臣、深得君王宠幸的庄贾却不将资望尚浅的司马穰苴放在眼里，一向骄纵的他和亲友喝得酩酊大醉，错过了约定的时间。穰苴于是打倒木表，摔破漏壶，进入军营，巡视营地，整饬军队，宣布了各种规章号令。等他部署完毕，已是日暮时分，庄贾这才姗姗来迟。守时如金、执法如山的司马穰苴痛责庄贾一番之后，下令将庄贾直接斩首，并向三军巡行示众，全军悚栗。

这个故事提到了圭表和漏刻两样东西，圭表我们此前已做说明，现在来说说这个漏刻。什么是漏刻呢？从故事中可以看出，它和时间的计量有关系，现代人把15分钟称为一刻钟，就起源于漏刻计时。但它究竟是如何计量时间的呢？

我们知道，圭表、日晷等太阳钟操作简易，原理也不复杂，但在阴雨天或黑夜是无法使用的，于是人们开始寻找其他的计时方法。计时的水钟应运而生，也就是漏刻。据梁代《漏刻经》记载："漏刻之作，盖肇于轩辕之日，宣乎夏商之代。"这说明，大概早在公元前三四千年的父系氏族时期，我们的祖先就用漏刻这种滴水的器具来计时了。

据推测，漏刻的发明是古人受到容器漏水现象启发的结果。在新石器时代早期，我国先民已能制作陶器。陶器使用时难免破损裂缝，难免会漏水，而水的流失与时间的流逝有着一定的对应关系。在长期的社会生活中，古人逐渐发现了二者间的对应关系，久而久之，就产生了用这种方法计量时间的概念。

漏，是指盛水的漏壶；刻，是指放在漏壶里的上面有刻度的标尺。漏刻利用水均衡滴漏原理，观测壶中刻箭上显示的数据来计算时间。作为计时器，漏刻的使用比日晷更为普遍。在机械钟表传入中国之前，漏刻也是我国使用最普遍的一种计时器。

最早的漏刻是简单的单只泄水型漏壶。它就是一只壶，在靠近底部的一侧有一个出水孔。将刻箭置于壶中，随着水面的下降，刻箭缓缓下沉从而显示时间的变化，因此也称为"沉箭漏"。目前我国尚未发现秦朝以前的漏刻实物，但从文献来看，先秦时期漏刻已广泛使用，穰苴斩庄贾的故事即为明证。先秦漏刻大都与军事活动有关，军事调度需要有统一的时间，这无疑会促进漏刻的发展。用于军事上的漏刻必须便于携带，故其尺寸不会很大。最常用的漏刻就是"一刻之漏"，即每漏完一壶水的时间为一刻（古刻，一昼夜为100刻，一古刻等于现在的14.4分钟。现代的一刻等于15分钟，一昼夜为96刻）。如果要计量较长的时间，可以再灌满漏壶，重复下去。

因为沉箭漏受环境温度、湿度、大气压力等因素影响比较大，所以只是漏刻发展的初级阶段。之后，漏刻发展史上的里程碑——"浮箭漏"出现了。浮箭漏是由两只漏壶组成，一只是播水壶（也叫供水壶或泄水壶），另一只是受水壶。受水壶内装有指示时刻的箭尺，故通常称为"箭壶"。箭壶承接由播水壶流下来的水，随着壶内水位的上升，安装在箭舟上的箭尺随之上浮，所以称作"浮箭漏"。由于箭尺不是直接放在播水壶中，故可以人为控制播水壶内的水位，从而保证流量的稳定，提高计时精度。

后来，顺着稳定水位、提高精度这一思路，又逐渐发展出了使用数只补给水壶的"多级漏壶"。所谓多级漏壶就是用两个以上漏壶，自上而下放置，使最上面一个壶中的水流入第二壶，再由第二壶流入第三壶，以此类推，逐一补给直至最后一壶（泄水壶）流入箭壶，箭壶中的水连同浮舟慢慢升起。由于得到上面几级漏壶的补给，最后一级壶中的水位可以基本保持稳定不变，从而大大提高了计时精度。经过历代的研究、改良，浮箭漏成为我国古代漏刻的主流。

2011年，考古学家对南昌的一座西汉墓进行了发掘，在随后的几年中，这座墓穴中陆续出土了万余件的金器、青铜器、玉器、竹简、木牍等珍贵文物。墓的主人就是赫赫有名的海昏侯，曾经的汉废帝刘贺，他只在位27天，就被罗列了无数罪状，被贬为侯爵。陪葬的大量金饼、麟趾金、马蹄金等金器足以佐证主人之奢靡（shē mí）。在这些文物中，有一件不起眼的青铜器就是铜壶漏刻，是早期的单级漏刻。

◎ 海昏侯墓出土的漏刻

此前，考古学家还在河北满城、陕西兴平和内蒙古伊克昭盟杭锦旗等处也发现过类似的单级漏刻。其中，满城漏刻于1968年出土于河北省满城西汉中山靖王刘胜的墓中。刘胜是西汉景帝之子，卒于元鼎四年（公元前113年），此漏刻作为陪葬品，被认为制造于公元前113年之前。当时的漏刻特征都比较明显，大都是铜铸圆柱状，上有提梁，下有漏嘴。

◎ 西汉千章漏刻

另有一件汉代漏刻，是1976年在内蒙古

发现的千章漏刻，该漏刻的壶内底铸有阳文"千章"二字，壶身正面阴刻"千章铜漏"四字，是西汉成帝河平二年（公元前27年）四月在千章县铸造。后来又在第二层梁上加刻"中阳铜漏铭"（中阳和千章在西汉皆属西河郡）。千章漏刻，通高47.9厘米，壶身作圆筒形，近壶底处有一个向下倾斜约23度的圆形流管。壶身下为三蹄足，壶盖上有双层梁，第一层梁、第二层梁及壶盖的中央有上下对应的三个长方孔，用于放置漏箭。这件漏刻是我国早期漏刻中体积最大的一个。

目前中国国家博物馆保存有元代延祐铜壶漏刻，该漏刻是元代延祐三年（1316年）铸造，为四级漏刻，四只漏壶自高至低依次被称为"日壶""夜壶""平水壶"和"受水壶"，各壶都有盖，也均为铜铸。日壶贮水后，由上而下，依次沿龙头滴下，最后滴入受水壶中。受水壶铜盖中央插了一把铜尺，长66.5厘米，上面刻

◎ 元代延祐铜壶漏刻

有十二时辰刻度。铜尺前又插放一个木制浮箭，下有浮舟，受水壶水面上升后，根据浮箭指向的刻度可读出时间。

漏刻由漏壶和刻箭两部分组成，漏壶如同钟表的机芯，决定了漏刻的精确度，刻箭如同钟表的钟面及指针用来指示时间。古代的漏刻通常需要按节气更换刻箭，这是中国古代漏刻计时的一个特点。

◎ 元代延祐铜壶漏刻上的铭文

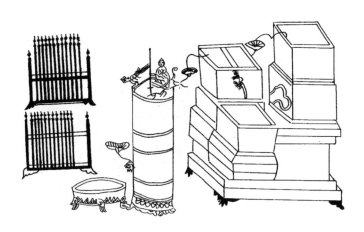

◎ 《铜壶漏箭制度》中的漏壶和刻箭

上图中漏壶左方的架子上有很多支刻箭，一般在不同的节气需要更换不同的刻箭。

刻箭的刻度包含白天的刻数和夜间的刻数，即昼刻和夜刻，这种将一天分为昼、夜两部分的方法，主要是基于古代政府对于社会、人民的作息管理及祭祀等需求。

古人把夜间时间均分为五等份，每一等份叫作一"更"，每一更再分为五个"点"，这就是更点制，例如子夜即三更三点。不过，由于昼夜时刻在一年当中是变化的，冬季的夜晚就比夏季的夜晚长很多，所以在冬季使用的刻箭上，夜刻的刻度就明显多一些。因此，在一年当中使用的刻箭也需要定期更换，如果每天更换一根不同的刻箭，一是烦琐不便，二是相邻几天的时间差别其实也不是很大，于是人们采取隔一定时间更换一根刻箭的方法。具体更换的方法各个时期略有不同，如西汉汉武帝时，采取每九天更换一次刻箭，全年用箭41支。到了东汉，改为一个节气更换两支，全年用箭48支。

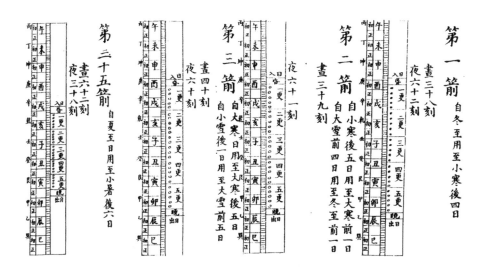

◎《准斋心制几漏图式》中的刻箭

不同刻箭的刻度不同，是由于一年中不同时期的昼夜时刻长短不等，所以刻度上的昼刻和夜刻会随着不同节气改变。

3. 敬授民时——二十四节气

"春雨惊春清谷天，夏满芒夏暑相连。秋处露秋寒霜降，冬雪雪冬小大寒。"曾经，二十四节气的时间刻度，深深刻进了我们祖辈生命中的每一个方面——吃饭、穿衣、工作、生活；曾经，二十四节气的歌谣，在我们的父辈中几乎人人都可以随口吟诵。

2016年11月30日，联合国教科文组织批准了新的一批非物质文化遗产名录，这一次中国申报的"二十四节气"成功入选。二十四节气的每个命名都蕴藏着中国人洞察天地的智慧——寒来暑往的季节变换、温度变化、降水量不同以及感应时节而生的物候等等。

作为中国古代先民智慧结晶的节气是如何制定的？它为何起着如此重要的作用，以至于有些人甚至将其称为中国的第五大发明呢？

一年四季又叫四时，四时之首叫春。春秋时人们认为春天阳气逐渐活跃，万物生长，因此是"岁之始也。"春天的第一个月为孟春，孟是长，是第一。第二个月为仲春，仲是中、中间的意思。第三个月为季春，季就是末，一季中最后一个月叫季。同理，夏、秋、冬各自三个月也这样称呼。每月两个节气，二十四节气分布在一年的十二个月中，它们是：

立春，春天开始。

雨水，适应竹木庄稼生长，雨水渐多。

惊蛰，始有春雷，冬眠动物开始活动。

春分，太阳直射赤道，昼夜平分。

清明，气候温暖，草木萌发繁茂，春耕春种农忙。

谷雨，雨水增多，黄河以北播种忙。

立夏，夏天开始。

小满，夏熟作物开始灌浆饱满。

芒种，"有芒之种"（如小麦、水稻）收获、播种（晚、中稻）、管理，黄梅时节。

夏至，阳光直射北回归线，夏之极。入伏。

小暑，开始进入全年最热时段。

大暑，全年暑热高峰时期。

立秋，秋天开始。

处暑，处，止也，暑热至此而止。

白露，阴气渐至，露凝而白。

秋分，太阳直射赤道，昼夜平分。

寒露，露气寒冷，秋收秋种正忙。

霜降，气肃而凝，露降为霜。

立冬，冬天开始。

小雪，黄河流域开始下雪。

大雪，降雪频繁，黄河流域渐有积雪。

冬至，"冬之极也"。太阳直射南回归线，此后夜渐短，昼渐长。

小寒，开始进入严寒时段。

大寒，进入一年最冷时期。

由于中国古代的历法采用阴阳合历，历法的制定需要同时考虑太阳和月亮的运行。虽然阴阳合历的平均年长接近回归年（指平太阳连续两次通过春分点的时间间隔，即一年的长度），但每三年多要加一个闰月，这种补偿方式，使得气候变化在阴阳合历中不能完全体现出来。例如，表示夏天开始的立夏，如果今年在三月，明年可能就在四月，这就会造成季节与月份关系的不一致。古代中国作为一个农业大国，人们格外关心播种和收割的时间，不能反映季节的历法受到很大局限，于是便产生了二十四节气。属于阳历系统的二十四节气，与朔望月配合使用，就成了中国阴阳合历的一大特色。

节气从本质上说与太阳的运动有关，如果我们将地球绕太阳运动的轨道平均分成24份，这样每份就有15度（如果按古代的地心说，就是太阳绕地球运动的黄道分成24份），每个节气就代表了轨道上的这一固定位置。例如，以春分定为0度作为起点，每前进15度就是一个节气，那么清明、谷雨、立夏、小满分别对应15度、30度、45度、60度，这样运行一周又回到春分点，为一个回归年，总共360度。

早期的历法采用"平气"，也就是把地球的运动（如果按地心说，就是太阳的视运动）看成匀速的，所谓平气就是通过平分轨道位置来确定时间。后来，人们认识到地球的运动不是匀速的（因为是椭圆轨

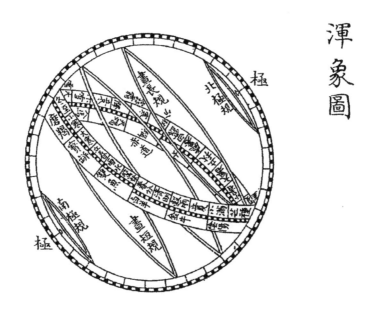

◎《浑盖通宪图说》中的"浑象图"
二十四节气用于平分黄道，与西方的黄道十二宫相互对应。

道），就采用了"定气"，这就导致了如今的节气长短不一，有的是14天，有的近16天，平均15天左右。

二十四节气，如果按其名称，可以分为四种，其中立春、春分、立夏、夏至、立秋、秋分、立冬、冬至这八个节气是反映季节变换的，小暑、大暑、处暑、小寒、大寒这五个节气是反映冷暖程度的，雨水、谷雨、白露、寒露、霜降、小雪、大雪这七个节气是反映降水量多寡的，惊蛰、清明、小满、芒种四个节气则与农事相关。

古代节气的制定，是通过圭表测影来实现的。古代时人们在平地上

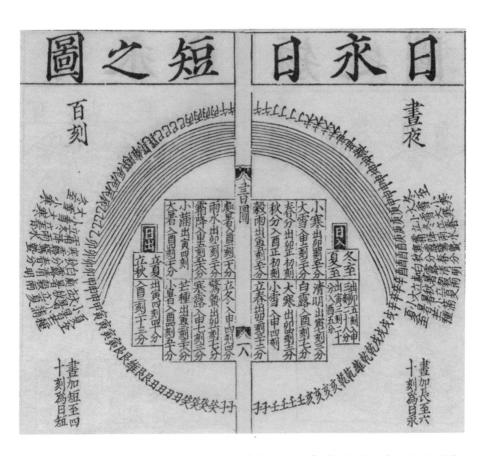

◎ 《尚书注疏》中的"日永日短之图"
图中反映了不同节气昼夜时刻长短的差异。

垂直插一根竿子来观测日影。他们发现每天正午时的竿影长度一年四季都在变化,冬季竿影长,夏季竿影短,而且冬季里总有一天竿影是最长的,夏季里总有一天竿影是最短的。古人将这两天称为"至日",也就是"冬至"和"夏至"。 根据这种测量中午日影的方法,人们就知道了"年"的时间长度:从一次"冬至"到下一次"冬至"的时间长度就是一年。

二十四节气系统,是逐步发展而日臻完善的。其划分起源于黄河流域,最迟在殷商时期,人们就已经有了冬至和夏至等概念,以后逐渐丰富。大约在春秋时期就已有"二分二至",也就是冬至、夏至、春分和秋分这四个大节气。正午时日影最长的这天定为冬至,最短的这天定为夏至,昼夜平分的那两天就是秋分和春分。二至最初分别叫作日永、日短或日长至、日短至,二分则叫作日中和宵中,后来也称为中夜分。

二分二至之后,又逐渐形成了另外四个大节气:四立(立春、立夏、立秋和立冬),这在《左传》中已有记载。这八个大节气就成为后来最主要的节气。最迟在西汉初期,二十四节气的知识就已经非常完备了,当时节气的名称和现在所用的已经基本一致。

节气在后来的地平式日晷中也起着重要作用,其晷面有着不同的弧线,用于读取不同节气的日影位置,以此来读取时间。这种地平日晷源自西方,但在西方地平日晷使用十二宫,传入中国后十二宫被节气替代。

随着历史的发展,二十四节气中的一些节气也逐渐发展为特定的节日。在古代,"冬至"就是其中一个重要的节日,因为在古代历法中这是一年中的第一天,也就是新年的日子,所以民间至今尚有"冬至大如年"的说法。另一个重要的节日是"清明",清明不仅是重要的农时节气,也是每年的清明节。这一天民间有扫墓、插柳、踏青等习俗,成为缅怀先人的日子。

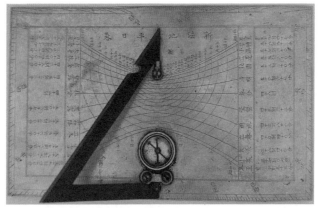

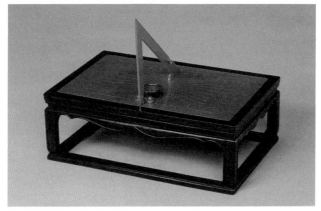

◎ 新法地平日晷及其晷面

　　二十四节气是季节的流转，它告知我们气温的变化，它预兆着夏雨冬雪，它分享着物候的乐事。在流年往复的千百年里，我们过着比四季更精致的二十四节气，才更明白时间的意义。

4. 务时寄政——月令

　　清乾隆朝，皇帝居所时常悬挂一套十二月令画轴，每个月更换一幅。这些图大概是由几位宫廷画家合作完成，描绘了一年当中自农历正月到十二月之间，民间的各种节令与习俗。画中场景十分丰富，人物刻画细腻，运用西洋透视法绘制庭园景致，构筑出非常真实的画境。

这其实是将月令绘制成图画，看着更加直观具体。那么到底什么是月令呢？

月令是古代的一种文章体裁，按照一年十二个月的时令，叙述各月相应的祭祀、礼仪、政务、法令等内容。在古人看来，不但人们的日常生活需要遵循自然规律，国家的政务等活动也应该以一定的自然规律为依据，这样才能有益于人们生产和生活的发展。

年代较早且完整的《月令》收录于《礼记·月令》篇中，该篇记载

◎《清院画十二月令图》

画中描绘了每个月份的岁时活动，如正月赏花灯、五月赛龙舟、七月乞巧、八月赏月、九月登高赏菊、十二月滑冰等。

了孟春、仲春、季春、孟夏、仲夏、季夏、孟秋、仲秋、季秋、孟冬、仲冬、季冬十二个月的政令，是对"春生、夏长、秋收、冬藏"这些自然规律的细化和运用。

《礼记·月令》中首先介绍了天文星象，例如仲秋八月，太阳运行到二十八宿中的角宿。黄昏时分，牵牛星会出现在南天正中位置。拂晓时分，觜（zī）宿会出现在南天正中位置。八月的吉日是庚辛日，在五行中属金。接着月令开始介绍物候和天子应遵守的礼仪，仲秋八月开始刮大风，雁从北来，燕子南飞，鸟类纷纷储藏食物过冬。天子在八月要住在西向明堂的正室，乘坐白色战车，使用白马驾车，还要身着白衣，佩白玉。月令还涉及敬老的惠政、土木兴建和政令禁忌等内容。

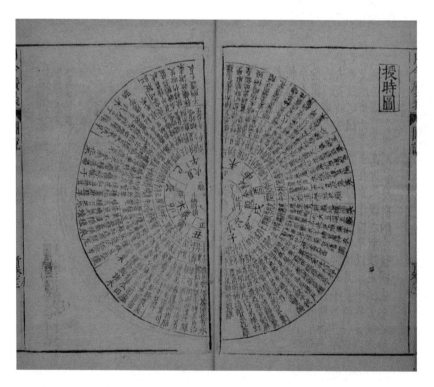

◎《月令广义》中的"授时图"
图中绘出了每月对应的节气、七十二候，其中每个节气对应三种物候。

古人之所以要将月令收入《礼记》中，是因为"月令"也是古人的"礼"。"礼"不仅是普通场合的基本礼仪，而且涵盖了几乎所有的社会风俗与典章制度。古代中国的法律中就有很大一部分与"礼"是重合的，正如人们所说的春秋礼崩乐坏，战国以法代礼。其实，战国时期的法律也有很多来自古老的礼仪风俗。如秦国当时就有禁令，从春二月开始不得进山伐木，不得下河捕鱼，不得猎杀幼兽，一直到夏七月这些禁令才被解除，这些法律规定都在一定程度上受到月令的影响，反映了古人的哲学和智慧。

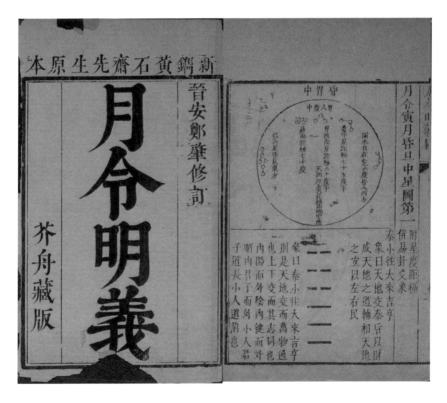

◎《月令明义》中的昏旦中星图

月令著作中通常有对每月星象的记载，一般介绍有每月的太阳宿次、昏旦中星等内容，即每月太阳在星空背景中所处的位置，以及黄昏和日出时刻位于中天的星宿。

◎ 敦煌卷轴中的唐贞元十年（公元 794 年）历书

这件历书中包含月令和物候的内容。如写到立夏时有"蝼蝈鸣，蚯蚓出，王瓜生"。也就是说，立夏时节可以听到青蛙在田间的鸣叫，大地上可以看到蚯蚓掘土，然后王瓜的藤蔓开始快速攀爬生长。

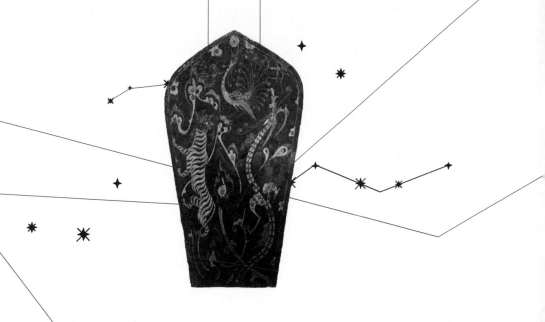

第五篇

星宿篇

古人根据天上恒星所组成的形状予以命名，这就是人们所说的星座，中国古代也叫作星官。与源自西方星座体系的现代天文学88星座不同，中国古代星官体系仿佛如同古代社会的缩影，它包括有不同的人物、动物、官职、国名和地名、生产和生活用具等，这些大都与古人的现实生活有关。中国古人还将天空划分为三垣二十八宿，并一直沿用至清代，这也是中国古代最为普遍的划分天空的方法。

1. 古代的星座——星官

想必你对牛郎织女的传说故事并不陌生。而牛郎织女星在星空中的位置也很显眼。农历七月的傍晚，如果你抬头仰望夜空，将会看到灿烂的银河贯通南北，中天最明显的便是织女和牛郎两星，以及银河上的渡口"天津四"，它们组成了著名的夏季大三角。牛郎星在东，即"河鼓二"，在现代天文学里它是天鹰座主星，是全天第十二亮星。它的旁边有两颗小星，"河鼓一"和"河鼓三"，与河鼓二连成一条线，被认为是牛郎和织女的两个儿女。织女星在银河西边，是天琴座主星，也是全天第五亮星，它旁边有四颗小星组成菱形，像织女织布用的梭子。

其实，在官方的星官体系中，牛郎的正式名字是河鼓，本义指军鼓，用来指挥部队行军作战，牛郎星只是民间对它的俗称。中国古代的星官大多与帝王将相有关，而牛郎织女这样的民间传说自然无法被官方所接纳，所以官方的天文学中并没有牛郎星，它只是存在于美好的民间传说中。

关于夜空中星座命名的来源、意义以及其中包含的故事，现在人们

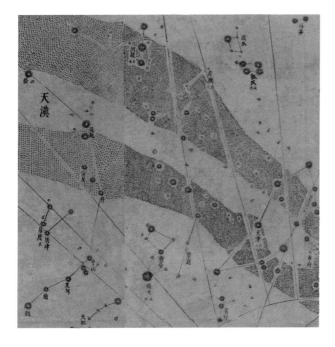

◎ 明代《赤道南北两总星图》中的牛郎织女

在这幅古代的官方星图下方绘有织女星，然而在"天汉"（银河）的对面并没有牛郎星，牛郎星在星图中正式名称是图上方的河鼓星。

熟悉的大多都是古希腊的系统。但是，中国古代也有一套独具特色的星座体系，而且这套体系是把中国古代社会和文化搬到了天上而建立起来的。

与西方的88个星座不同，中国古人在对天空星区的划分和命名上，另有一套系统，这就是"三垣（yuán）二十八宿（xiù）"体系。它把整个天空划分为东西南北四块区域，称作"四象"，并进一步把它们划分为二十八组，共称"二十八宿"，然后又把靠近北极的区域分成三块，称作"三垣"。在三垣二十八宿中又分布着数量不一的星座。

中国的星座通常不叫星座，而是称作"星官"，东汉张衡如此描述星官的命名："在野象物，在朝象官，在人象事，于是备矣。"中国古代的星官，从天皇大帝到农丈人、从战场到市场、从天枪到簸箕，其名称和布局都非常社会化。山川百物、人间百业都搬上了天际，涵盖了古代神话、历史典故、社会制度和人文习俗等，几乎是按照地上人间的模式在天上复制了一个世界。

另外，西方的星座是指由许多恒星组成的视觉图案，而中国的星官有两个以上恒星组成的，也有单个的恒星。所以中国星官中，即便只有一颗星也能组成一个星官，这也导致中国星官一般比西方星座要小，数量上自然也就比较多。

不论是星座还是星官，都是为了辨识天上的恒星而对它们进行的分组，这种对星星的划分在古人探究天体运动和研制天文仪器时都是必不可少的。

星官的数量和名称在历史上也是不断发展和完善的，在甲骨卜辞和先秦典籍中就已经记载有不少星官名称。汉武帝时，司马迁在《史记·天官书》中总结了以前各星占学派所用的星官，建立起一个具有"五官二十八宿"共计558颗星的星官体系，这是已知中国古代最早的完整星官体系。

由于古代有着不同的星占学派，他们对星空的认识和占卜方式不同，所以也独立发展出不同的星官体系。其中最著名的是甘德、石申和巫咸三大家，也就形成了甘、石、巫三派星官体系。三国两晋时期，太史令陈卓在甘、石、巫三家的基础上，建立起一个含有283个星官的星官体系。陈卓的成果对后世有很大影响，他总结的全天星官系统一直是后人制作星图和天文仪器的依据，沿用了一千多年。我们在之前介绍的敦煌星图、苏州石刻星图、常熟石刻星图等，其中星官的划分都是在陈卓的基础上发展而来。

以辨识度最高的北斗星为例。北斗星是群星中的"超级巨星"了，因为认识它的人估计数量最庞大。它由七颗星组成，在天空中像一只大勺子，古人把它当成斟酒用的"斗"，又因为它位于北天，所以被称作北斗。随着地球的自转，北斗会不断绕北极旋转，每一天它的斗柄都会

◎ 河北蔚县故城寺壁画"北斗七星星君"

北斗星君，也称北斗真君，是北斗七星神格化的体现，道教将其纳入神系后，赋予其掌管人间祸福、消灾招福的职能。

◎ 东汉石刻星象图

河南南阳出土，画像的右上角有牛郎星，星下画一人做扬鞭牵牛状；左下角有一织女星，里面跪坐着一位头挽高髻的女子。

绕着北天极转一整圈，所以也就有了成语"斗转星移"，以此来形容时间的流逝。

每天夜晚的同一时刻，我们看到的北斗位置、斗柄指向也都在变化，所以《鹖（hé）冠子》中说："斗柄东指，天下皆春；斗柄南指，天下皆夏；斗柄西指，天下皆秋；斗柄北指，天下皆冬。"一直到现代，北斗星斗柄的指向，依旧是人们通过经验判断季节的依据。另外，北斗星在古代还是帝车的象征，司马迁在《史记》中就说："斗为帝车，运于中央，临制四乡。"意思是位于紫微垣的北斗星地位显赫，它是天帝的御车，载着天帝在天的中央来回巡视，管辖着四方的臣民。

◎ 东汉北斗帝车石刻画像

山东嘉祥武氏祠画像石，图中的天帝坐在北斗组成的车中，由祥云托着，正接受大臣的朝拜，寓意着"斗为帝车"。

2. 天上的三座城——三垣

"垣"是矮墙或者城的意思。"三垣"指的是天空中用星星围成的三片区域，如同天上的三座城，古人将其中以北极为中心的区域命名为"紫微垣"，另外两个分别命名为"太微垣"和"天市垣"。之所以如此划分，是因为中国位于北半球，看到天球北半部分的时间更多一些，这部分天区就显得更为重要。

所以，古人将黄道和赤道附近的星空分为二十八宿后，又将二十八宿包围的靠近北极的区域划分为三垣。

◎ "三垣"和"二十八宿"

古人面对着浩瀚星空，思接千载，神游万仞，想象力恣意驰骋，将天上的星星划分成不同的星官，而这些星官大多与人间的事物相对应。由于"三垣"区域是天上最重要的区域，于是古人便把人间的帝王宫殿、朝廷百官等等全都挪到天上，放入三垣中。三垣恰好呈三点状分布，位置就像三角形的三个顶点那样，而且每一垣都由两道墙围出了一块接近圆形的小天区。

紫微垣就是天上的"紫禁城"，由天帝坐镇中央北极，旁边是后妃、太子、宦官等，周围则有宰相、内阁官员和宫廷卫队等。视觉上所有的星星看起来都是绕天北极转动，这也就是为什么帝星成了名副其实的北极星（由于岁差的原因，经过几千年后，如今的帝星已经不再作为北极星，目前的北极星是勾陈一）。因此，虽然紫微垣当中的亮星不多，却是天空中最显赫的星座群体。

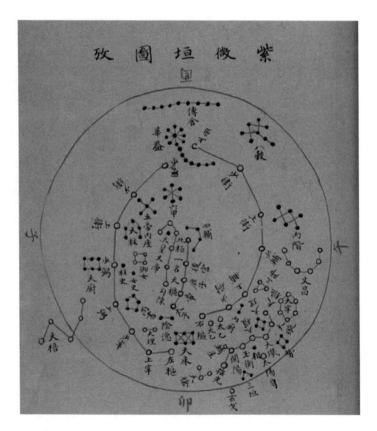

◎ 紫微垣

"帝"星的两边是"太子"和"庶子"，庶子旁边是"后宫"，
这就是牛郎织女故事中的王母娘娘。

紫微垣两大列圆弧形的星座就是垣墙，由共计十五颗星组成，分列两边，如上丞、上辅、上宰、少卫、少弼、少宰等。这些星有文臣，也有武将，都是辅佐天帝处理朝廷大事的重臣。垣墙之内，就是天帝的家属以及仆人等。例如，"御女"四星就是供天帝役使的宫女，"柱史"负责记录宫中日常发生的大事，"女史"则负责宫中的漏刻和计时。

紫微垣的垣墙之外还有"文昌"星，共六颗，呈半月形，它还有个更响亮的名字"文曲星"。古人认为文昌星有"文明昌盛"之义，是主宰功名禄位的星宿。其实，最初文昌星只是一个不起眼的地方小神，后来它与梓潼帝君同被道教尊为主管功名利禄之神，二神逐渐合而为一，梓潼帝君也被称为文昌君。梓潼帝君原叫张亚子，他读书人出身、一派文人气度，并且笃信道教，死后人们敬仰他的品德，奉他为梓潼神。唐朝安史之乱时，唐玄宗逃到四川，被当地人信仰梓潼神的虔诚感动，遂封梓潼神为左丞相。后来，唐僖宗为躲避黄巢乱军，再次到蜀地，亲自拜祭梓潼神，加封梓潼神为济顺王。由于唐朝帝王的大力推崇，梓潼神的地位也越来越高，成为掌管文章、学问的大神，并与文昌星合而为一，最终变成文昌帝君，成为重量级的大仙。

太微垣是朝廷行政机构的象征，是天帝和大臣们处理政务的地方。太微垣的左右垣共计十颗星，每垣各有五颗星，守卫着整个太微垣。东边的星分别是上将、次将、次相、上相和左执法，西边的星分别是上相、次相、次将、上将和右执法。这些将相也是两两相对，都属于藩臣。

太微垣的中间是"五帝座"，分别是中央黄帝、东方青帝、南方炎帝、西方白帝和北方黑帝，他们一年四季轮流执掌朝政，五帝座旁有"五诸侯"，象征着人间诸侯，地位仅低于五帝。五帝座旁边还有"太子""从官"和"幸臣"。从官即君王的随从，幸臣即得宠的臣子。此外，周围分布着其他近臣，如"三公""九卿"等。太微垣中也有"郎

◎ 山东芮城永乐宫壁画《文昌帝君及诸神》

图中身着白袍，文官装束的就是文昌帝君，他身后跟随着飞天神王、三元将军、天丁力士等众神。

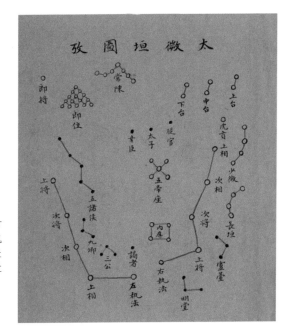

◎ 太微垣

两边站立文武官员，依次排列，如同上朝时一般。在朝为官是古代知识分子所追求的目标，但也有高人虽然隐于民间，却始终关心朝廷，这就是"少微"星，是在野的隐逸之士。

将""郎位"和"虎贲"等保卫人员。太微垣外西南角有"明堂"三星，是古代帝王宣明政教的地方。明堂西有"灵台"三星，是古代观察天文星象的建筑。

　　天市垣就是"天上的市集"，它在天上面积比太微垣大得多，可以说是一个庞大的天上街市。天市垣的垣墙由分列两边的二十二颗星组成，分别用春秋战国时诸侯国来命名。根据《晋书·天文志》所载，其中的"宗正"是"宗大夫也，宗室之象，帝辅血脉之臣也"，它是执政的皇族，而"宗人"则是贵族。"斛"和"斗"是"主量者也"，是度量的器具。"帛度"为尺度，是测量长短的标尺。"屠肆"是屠畜市场，"列肆，主宝玉之货"，是宝玉市场。"车肆，主众货之区"，是商品市场。"市楼，市府也，主市价、律度、金钱、珠玉"，是管理市场的楼宇。

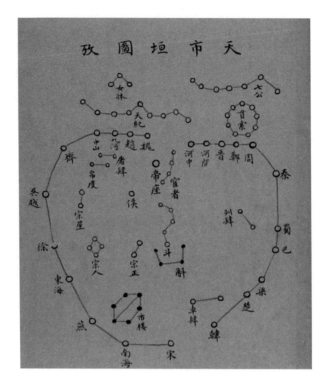

◎ 天市垣

中国古代的人间万物和社会组织几乎全都被照搬到了天上。就这样，古人将人世间谨严的秩序，复制到了漫天默默的星辰之上。在闪耀的群星中间，是古人对于社会理想图景的想象和向往。

要想同时看到三垣，最好的时间是每年的六月中下旬，夏至节气前后。夜幕降临，举目北望，庄严的紫微垣正高悬于北极四周，"北斗"和"文昌"居于垣左，"华盖"和"传舍"列于垣右；转身回望西南天空，明亮的"五帝座一"高挂，以它为中心的是天帝和大臣们处理政务的太微垣；向东看去，东南方地平线上银河正慢慢升起，银河西岸就是热闹非凡的天市垣，也许还能听到集市上此起彼伏的叫卖声。

3. 四分天下——四象

"四象"也称四神、四灵，指青龙、白虎、朱雀和玄武。

古人将二十八宿所在的星空分成四个部分，这样每个部分就是一象，各包含有七个宿。此外，四象还分别代表东、西、南、北四个方向，这些都是源于中国古代的星宿信仰。

四象中的东方七宿被称作苍龙，"苍"是"青"的意思，苍龙即"青龙"，它在空中的形象如同一条腾飞着的巨龙。西方七宿的形象是一只凶猛的白虎。南方七宿的形象是类似凤凰的朱鸟，后来被称作朱雀。北方七宿的形象是一条长蛇缠绕着一只乌龟。古人认为，四象中的这五种动物是守护四方的神兽，这应该与先民部落的图腾崇拜有着密切的关系。

据说，上古时期华夏大地上有着许多部族，其中较大的有四个：东夷、西羌、南蛮、北狄。东夷分布在中国东部沿海地区，以龙为图腾。后来，他们当中又分出了少昊族，向

◎《钦定书经图说》中的"命官授时图"

据《尚书·尧典》记载，尧帝命羲、和兄弟分别观测鸟、火、虚、昴四颗恒星在黄昏时是否正处于南中天，来确定春分、夏至、秋分和冬至，划分一年四季。

南和西迁移，与南方苗蛮融合，形成了以鸟为图腾的部族。古西羌部族在如今甘肃、陕西和四川一带，其中炎帝和黄帝的支系最为强大，他们以虎为自己的图腾。西羌的支系夏人在夏王朝灭亡后，部分南迁与越人融合，夏人以龟为图腾，越人以蛇为图腾，于是就产生了蛇与龟合体的玄武造型。

不过，四象应该出现在人们形成四季的概念之后，由于甲骨文中还没有发现四季的全部名称，通常认为当时可能只有春和秋（也有人认为是春和冬）两季。到了殷商后期，四季概念才开始形成，此后才出现了四象。最初只有青龙和白虎两象，人们通过对星象和四季进行长期观察后，才进一步发展成为四象。

◎ 高句丽壁画中的"玄武"

吉林省集安市古墓出土，图中玄武为龟蛇缠绕形状，龟赭色无纹，蛇有五色，两头相对，四周绘有云气纹。

　　1987年，在河南省濮阳西水坡文化遗址，发掘出一座距今6000多年的古墓，人们在墓主遗骨的左右两侧分别发现有用蚌壳摆放的龙与虎形象。这恰好与中国古代"东方苍龙，西方白虎"的说法一致，墓的北边还有类似北斗的形象，所以这很可能是远古先民对星象的原始描绘，反映了当时如何采用两象来划分星空。

　　为什么四象有不同的颜色呢？这与春秋战国时期流行的一种五行配五色的说法有关，当时人们分别用青、赤、黄、白、黑五种颜色与东方、南方、中央、西方、北方相匹配，最后便形成了东方苍龙、南方朱雀、西方白虎、北方玄武的说法。

　　在古代，四象长期被视为天的象征。东汉著名天文学家张衡所著的《灵宪》中就有"苍龙连蜷于左，白虎猛据于右，朱雀奋翼于前，灵龟圈首于后，黄神轩辕于中"的记载。这里的"左"就是指东，因为历代皇帝的宝座都是坐北朝南，左手就演变成为东边。同"左"一样，白虎猛据于"右"，就是指白虎在西方。

　　此外，这还说明了四象的分布是以初春黄昏时对天空的观察为基础的，这时朱雀恰好位于正南方，苍龙位于东方，白虎位于西方，玄武则在北方地平线以下。所以，古人将四象与天上某些恒星联系在一起，这对辨认恒星和判定节气都是很有效的方法。后来，古代的帝王们为了更好地统治百姓，于是以得到天命自居，在出巡或出征时经常会使用绘有四象图形的旗帜。

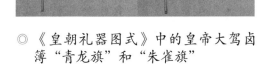

◎ 《皇朝礼器图式》中的皇帝大驾卤簿"青龙旗"和"朱雀旗"

　　四神不仅表现出古人对现实世界空间分布的认识，同时也具有民间崇拜的性质，并与神话、巫术、宗教融合在一起。四神的图像在汉代变得极为兴盛和流行，并不断被用于墓室的壁画中。汉代墓室有非常多的四神像，这不仅因为汉代流行厚葬之风，也体现了当时的风俗信仰和天人观。在西汉景帝至武帝的初期，四神图像已逐渐成为独特的象征符号，运用于日常生活中，例如在汉代有着各式的四神瓦当（瓦当是中国古代用以装饰和保护建筑物檐头的建筑附件）。新莽时期到东汉，四神图像布局更加灵活，其所具有的天文学含义也开始逐渐被淡化。

◎ 四神瓦当
4个图案依次为青龙、白虎、朱雀、玄武。

◎ 西汉壁画中的"白虎"

4. 月亮的驿站——二十八宿

二十八星宿在中国古代文化里出镜率很高。在大家都熟悉的《西游记》《水浒传》中就可以见到它们耀眼的亮相：唐僧师徒在小雷音寺被黄眉大王用金钵困住，二十八星宿神特意下界来帮忙，最后亢金龙顶破金钵救出孙悟空。《水浒传》里也提到辽国统军元帅兀颜光麾下有二十八星宿将军。

地球绕着太阳转，一年转一周，但我们从地球上看，却像是太阳缓慢地在星空背景上移动，一年正好移动一圈，返回原位（当然太阳高悬空中时是看不到星星的，不过我们可以在太阳升起前或落山后的一段时间观测它，根据周围的星星推测它在星空背景中的位置）。

人们后来将太阳在星空中走过的这条路线称作"黄道"，并且发现月亮以及金、木、水、火、土五大行星在天上的路线也都在黄道附近。为了测量这些天体的运动，人们将黄道附近的天空划分成若干区域，西方人在这里为太阳建立了12座宫殿，称为"黄道十二宫"，而中国人在这附近为月亮修建了28个旅店。也就是大致沿黄道把这部分星空分成28份，每一份叫一"宿"，合在一起就是"二十八宿"了。为什么要分成28份呢？

因为最初人们根据月亮的运动来划分它，月亮也是大致在这条黄道的带子附近运行，不过月亮走得比太阳要快很多，在恒星背景上每27天多一点就走一圈，所以古人凑个整数，分成28份，让月亮大约一天走一份。二十八宿的"宿"，其实就是"停留"和"住宿"的意思，古人想象月亮每天走一段之后，依次在每一"宿"驻留，这些宿也就成了"月亮的驿站"。

二十八宿什么时候开始出现是有争议的。据推测，大约公元前3500

◎ 曾侯乙墓二十八宿漆盒

年至公元前3000年间，中国应该就已经形成了二十八宿体系。商代的甲骨文中就曾出现二十八宿体系的痕迹，《尚书》和《夏小正》等书中也出现了二十八宿的个别名称。1978年，考古学家在湖北发现，战国早期的曾侯乙墓中有一只漆箱，其箱盖就描绘了二十八宿的名称，这是目前较早的完整展示二十八宿的实物。

二十八星宿在《西游记》中出场过多次，虽然几乎都是跑龙套的角色。比如第六回惠岸奉观音之命帮李天王出头，"早有虚日鼠、昴日鸡、星日马、房日兔，将言传到中军帐下"。又比如第九十二回，角木蛟、斗木獬、奎木狼、井木犴帮孙悟空降服犀牛怪。给星宿取三字动物

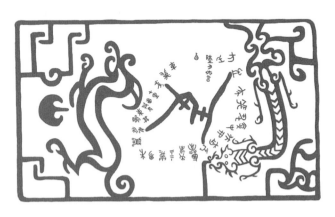

◎ 曾侯乙墓二十八宿漆盒线描图

漆盒盖子的中央是一个很大的朱书篆文"斗"字，表示"帝车北斗"。四周是按顺时针排列的二十八宿名称，其次序和名称与现代的二十八宿大致相同。宿名之外，左边绘有白虎，右边绘有青龙。

名的做法源自唐初五行家袁天罡，他把二十八宿与二十八种动物结合在一起，并在每个星宿名下分别缀以日、月、金、木、水、火、土中一个字，于是一个字的星座名称就变成了由三个字组成的星宿名称。

二十八宿划分为四份，每一部分使用一个动物的名称，这就是我们在前面介绍的"四象"。如此，整个二十八宿包括——

东方苍龙：角、亢、氐、房、心、尾、箕；

北方玄武：斗、牛、女、虚、危、室、壁；

西方白虎：奎、娄、胃、昴、毕、觜、参；

南方朱雀：井、鬼、柳、星、张、翼、轸。

二十八宿的各宿分布疏密不均，如最大的井宿横跨30多度，而鬼宿等却仅有几度，最小的觜宿甚至只有一度多，这也是中国的二十八宿和西方的黄道十二宫的一个很大的区别。

二十八宿不仅在古天文中具有重要作用，它还不断融入古人的生活当中，并逐渐成为佛教和道教中的人物，变成具有不同外表和性格的星君形

◎ 五星二十八宿神形图

象。在历代的书画和壁画中，也都能找到大量以二十八宿为题材的作品。

《五星二十八宿神形图》为绢本设色，现藏于日本大阪市立美术馆。图中绘"五星二十八宿神"像，但仅存五星和十二宿图。画中每个星宿各作一图，或作女像，或作老人，或作少年，或兽首人身，或作怪异形象。每图前有篆书说明，卷首题有隶书"奉义郎守陇州别驾集贤院待制仍太史臣梁令瓒上"。据《旧唐书·历志》记载"星官梁令瓒"，"星官"可能指太史监从事天体观测的官员。梁令瓒不仅是书画家，也是天文学家，开元九年（公元721年），他曾与一行合作，设计制造黄道游仪。

◎ 河北石家庄毗卢寺水陆画"角亢氐房心尾箕"东方七宿星君
这七位星君被道教所供奉，人物分老、少、文、武等不同形象，其中有五位面部造型有各种动物特征。

二十八宿在中国古代天文和星占上的重要性是无可比拟的。古人以此为标志观测日、月及五行的运行，测定岁时季节以及揣测年成丰歉、战争胜败、人事祸福等。

比如，东方苍龙七宿就是古人用以定季节的重要依据之一。每年农历二月，太阳下山，角宿就出现在东方地平线上，预示着春天的到来。农业谚语中就有："二月二，龙抬头，大仓满，小仓流。"龙抬头就是指两只龙角从东方地平线抬起，随后整条龙也逐渐升起，农民在此刻播种，就会有好的收成。这条天上的龙就是角、亢、氐、房、心、尾、箕七宿组成的东方苍龙，其中的龙角就是由角宿一和角宿二两颗星组成的，角宿一是明亮的一等星，发蓝色光，光度比太阳大两万多倍，现代称之为室女座α。

因为这只苍龙的出现，农历二月初二在我国就被定为春龙节，也称青龙节、龙头节。据说远古时代的伏羲"重农桑，务耕田"，每年二月初二"皇娘送饭，御驾亲耕"。到周武王时，每年二月初二还举行盛大仪式，号召文武百官都要参加耕田、播种等劳动。另外，妇女们在这天还不能做针线活，因为大家担心针会刺伤龙的眼睛。不过，由于岁差的原因，秦汉以后作为龙角的"角宿"出现的时间已逐渐向后推移，到了现在其实已经差不多向后推迟了一个月，但春龙节的习俗却一直传承了下来。

有一个众人熟知的成语也与东方七宿有关，这

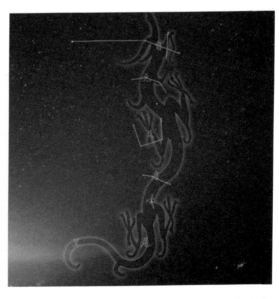

◎ 二月二"龙抬头"时的星空

就是"七月流火"，出自《诗经》中的《国风·豳（bīn）风·七月》。其中说"七月流火，九月授衣"，这里的"火"指的是"心宿"中的一颗星，它就是心宿二。这里的"流"是指心宿二向西天缓慢落下去。"七月流火"并不是大家以为的那样是指七月的天很热。恰恰相反，按照商周时的历法，七月已经是秋天，"七月流火"预示寒冷的季节就快要来到了，所以到了九月就要"授衣"，开始送寒衣了。

前面提到的"心宿"其实就是苍龙的龙心，它由三颗星组成，中间的一颗非常有名，是全天排名第十五的亮星——天蝎座的主星天蝎座α（在西方它正好是蝎子的心），也就是心宿二，它还有火、大火等名字。之所以称它为大火，是因为它的颜色是火红色，亮度也很高，与行星中的火星很相似。碰巧的是，在西方它还有个名字叫Antares，是"对抗火星"的意思。不过，这颗大火星可真是名副其实的大呢，是一颗"霸气十足"的红超巨星。它距离我们400多光年，光度却是太阳的五万倍，不要说"对抗火星"，即便太阳在它面前也是个不起眼的小不点。

假如左边巨大的橘红色星是"心宿二"，那么右边的小红点就是太阳。由于"心宿二"体积太大，它在这张图中已经无法完整显示。

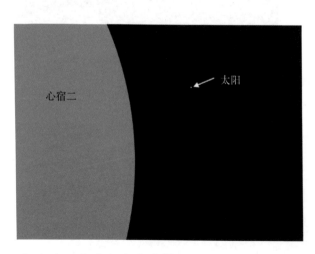

◎ 心宿二和太阳大小比较

星空反映着文化，不同的文化命名了不同的星空。几千年来，中国人构建了一个璀璨星空，增加对这个星空的了解，就是增加对自己民族历史的了解。

附　　录

名词解释

- 赤道：环绕地球表面，并与南北两极距离相等的圆周线，也是地球表面的点随地球自转产生的轨迹中周长最长的圆周线。

- 天赤道：赤道平面与天球相截所得的大圆，天赤道将天球等分为北天半球和南天半球。

- 黄道：古人将太阳周年视运行线路称为黄道，即地球公转轨道在天球上的反映。黄道是天球假设的一个大圆圈，即地球轨道在天球上的投影，它与赤道面相交于春分点和秋分点。

- 赤经：赤道坐标系的坐标值之一，指通过春分点的赤经圈与通过天体的赤经圈之间在天赤道上的弧段，类似于地球经度的角距离。

- 赤纬：赤道坐标系的一个坐标值，与其相对应的是赤经。赤纬与地球上的纬度相似，是纬度在天球上的投影。

- 分野：古人仰观天象、俯察地理，认为天上的某些天象与地上发生的事件相对应，且这种对应关系是固定持久的。所谓分野就是古人将地上的列国或州郡和天上的星辰联系起来而形成的一种星占概念，可以使得星象的占验结果与地上的区域一一匹配。

- 交食周期：日月食发生的时间周期。古人发现每次交食后，大约经过18年，太阳、月球和白道与黄道的交点差不多又回到原来的相对位置，前一周期内的日月食将会重新出现。

- **视位置**：对天体的真位置进行光行差和视差等影响修正后所得到的位置。

- **周日视运动**：由于地球的自转，地面上的观测者看到天体在一个恒星日内，在天球上自东向西沿着与赤道平行的小圆转过一周的这种直观的运动，叫天体的周日视运动。

- **距度**：古人对二十八宿距星间距之量度，也就是从一个宿的距星和下一个宿的距星之间的赤经差或者黄道弧长。

- **距星**：为了确定和测量天体在天空中的位置，古人在二十八宿中所选定的标准星，称为距星。利用天体与距星的相对位置，就可以得出天体在天空中的方位和运动情况。

- **历元**：古代历法推算的时间起点。

- **回归年**：又称"太阳年"，即太阳视圆面中心相继两次过春分点所经历的时间。回归年为365.242 20平太阳日，或者365天5时48分46秒。回归年的数值并不是不变的，而是每百年减少0.53秒。

  1900年初，所对应的回归年为365.242 198 78平太阳日。

- **窥衡**：浑仪等天体测量仪器上的瞄准器，通过窥衡可以瞄准天球上的任一天体目标进行观测。

- **地平高度**：地平高度亦称地平纬度，通称高度和高度角，是地平坐标系的坐标值之一。

- **方位角**：方位角亦称地平方位角，方位概念产生于东、西、南、北四正方向，方位角则是在平面上量度物体之间的角度的方法。方位角一般指从某点的指北方向开始，依顺时针到目标方向之间的水平夹角。

- **星等**：表示天体相对亮度强弱的等级。星越亮，星等的数值就越小。公元前2世纪，古希腊天文学家就将肉眼能看见的恒星分为6等。现代天文学规定，星的亮度每差2.512倍，星等就相差1等。所以，1等星的亮度刚好等于6等星的100倍。

- 视星等：从地球上观测到的天体的亮度。

- 绝对星等：假定某天体位于10秒差距（即32.6光年）的位置，所应有的视星等。它反映天体的光度，可以用于比较天体的发光强度。

- 岁差：指地球自转轴长期进动，引起春分点沿黄道西移，导致回归年短于恒星年的现象。岁差使得地球如同一只晃动的陀螺一般，使得春分点以每年约50.24角秒的速度沿黄道向西缓慢运行。

中国古代科技发明创造大事记

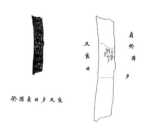

约公元前13世纪
—公元前11世纪
甲骨卜辞天象记录

约公元前11世纪
第一次盖天说

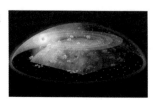

约公元前24世纪
观测大火星定时节

约公元前16世纪
早期漏刻的发明

约公元前20世纪
观测四仲星定季节

约公元前13世纪
采用干支法纪日

约公元前12世纪
昼夜的分段计时
圭表测影定季节

约公元前10世纪
建立二十八宿坐标系统

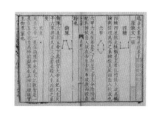

约公元前8世纪
阴阳五行说

公元前687年
天琴座流星雨的记载

公元前613年
彗星的较早记载

约公元前4世纪中叶
甘石星表

约公元前7世纪
岁星纪年法
二十四节气

公元前644年
陨石的最早记载

约公元前480年
古四分历

公元前168年
马王堆帛书彗星图

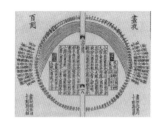

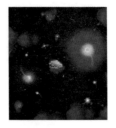

约公元77年
宣夜说

公元前4年
英仙座流星雨的
记载

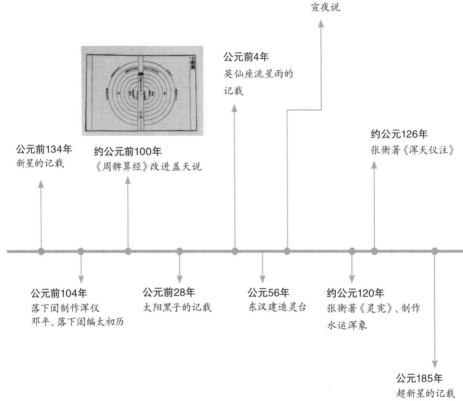

公元前134年
新星的记载

约公元前100年
《周髀算经》改进盖天说

约公元126年
张衡著《浑天仪注》

公元前104年
落下闳制作浑仪
邓平、落下闳编太初历

公元前28年
太阳黑子的记载

公元56年
东汉建造灵台

约公元120年
张衡著《灵宪》、制作
水运浑象

公元185年
超新星的记载

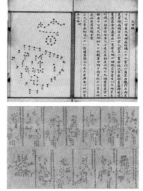

约公元280年
陈卓进行星官的划分

约公元360年
三级漏刻

约公元5世纪
李兰发明秤漏

约公元7世纪
《丹元子步天歌》
《敦煌星图》

公元728年
一行编大衍历

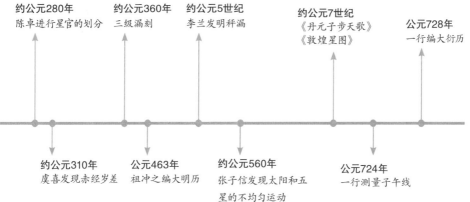

约公元310年
虞喜发现赤经岁差

公元463年
祖冲之编大明历

约公元560年
张子信发现太阳和五
星的不均匀运动

公元724年
一行测量子午线

公元1054年
发现天关客星

公元1092年
苏颂制作水运仪
象台
苏颂撰《新仪象
法要》

公元931年
狮子座流星雨
的记载

公元1116年
辽墓星图

公元1247年
苏州石刻星图

公元822年
徐昂在宣明历首
创日食三差术

约公元1076年
沈括发现时差

公元1220年
耶律楚材提出里
差法

公元1267年
七件西域仪器传
入中国

公元1112年
太阳黑子分裂
现象的记载

公元1030年
燕肃发明莲花漏

公元1279年
郭守敬四海测验

公元1442年
北京古观象台建成

公元1276年
郭守敬制成四
丈高表和景符

公元1799年
阮元主编
《畴人传》

公元1722年
《历象考成》出版

公元1280年
郭守敬编授时历

公元1277年
郭守敬制成简仪

约公元1279年
登封古观象台
建成

公元1742年
《历象考成
后编》出版

约公元1410年
郑和过洋牵星图

公元1634年
徐光启编撰
《崇祯历书》